国家示范性高职院校建设项目成果
高等职业教育教学改革系列精品教材

电路分析基础
（项目导向式）

程 军 赵 新 主 编

电子工業出版社·
Publishing House of Electronics Industry
北京·BEIJING

内 容 简 介

本书主要介绍电路分析的基础知识，以"手电筒照明系统""指针式万用表电路""日光灯照明电路""闪光灯充放电电路""生产车间供电电路"五个项目驱动，以问题为导向，构建相对应的电路知识体系。本书主要包括以下课题：单回路电路的分析、直流电路的分析、正弦交流电路的分析、一阶动态电路的分析和三相交流电路的分析。在每个课题中又包含技能拓展和科学家的故事等，并配备了大量例题、练习题。

本书可作为各类职业院校电气电子或机电专业的教学用书及专升本的辅导用书，也可作为其他培训机构及有关工程技术人员的参考用书。

图书在版编目（CIP）数据

电路分析基础：项目导向式 / 程军，赵新主编. —北京：电子工业出版社，2022.8
ISBN 978-7-121-44254-4

Ⅰ．①电…　Ⅱ．①程…　②赵…　Ⅲ．①电路分析－高等学校－教材　Ⅳ．①TM133

中国版本图书馆 CIP 数据核字（2022）第 163175 号

责任编辑：王艳萍
印　　刷：北京七彩京通数码快印有限公司
装　　订：北京七彩京通数码快印有限公司
出版发行：电子工业出版社
　　　　　北京市海淀区万寿路 173 信箱　邮编　100036
开　　本：850×1 168　1/16　印张：12.75　字数：326.4 千字
版　　次：2022 年 8 月第 1 版
印　　次：2024 年 12 月第 6 次印刷
定　　价：45.00 元

凡所购买电子工业出版社图书有缺损问题，请向购买书店调换。若书店售缺，请与本社发行部联系，联系及邮购电话：（010）88254888，88258888。

质量投诉请发邮件至 zlts@phei.com.cn，盗版侵权举报请发邮件至 dbqq@phei.com.cn。

本书咨询联系方式：（010）88254574，wangyp@phei.com.cn。

前　言

　　本书的编写指导思想主要体现在：一是站在高职学生的认知层次，思考其所需，以"必需、够用"为原则；二是提升学生的可持续发展能力，在内容阐述中注重逻辑分析、辩证思维等方面的培养和引导；三是为学生参加专升本提供服务，增加了大量的例题和练习题。总之，希望"电路分析"作为一门专业基础课，为学生学习后续课程打下坚实的基础。

　　本书在构架上，以实际项目为切入点，以课题研究思路为逻辑构架。首先提出项目背景和内容；由此提出研究思路即问题，以问题为导向逐级展开基础知识点的链接，同时穿插技能拓展内容，以深化理论、培养思维能力、突出岗位需求技能为指导；完成知识点的学习积累后，回归到项目本身，进行总结性的阐述；最后进行重难点解析，提供大量的例题和练习题，达到学以致用的目的。在每个课题中还穿插科学家的故事，激发学生的学习兴趣及对科学发展的思考。

　　本书为提高学生的分析及解题能力，在结构设计上注重层层递进。在知识点讲述中穿插"课堂随测"（巩固知识点）和"头脑风暴"（引导学生深入思考）；课后引入重难点解析，以对应习题进行巩固，同时为参加专升本考试的同学提供了进阶习题。

　　总之，本书以服务师生为己任，努力做到集知识点讲解、难点辅导、习题集、实际技能训练为一体。本书在正文的每页中均预留笔记栏，并且配备了微课讲解、习题答案等，便于查阅。

　　本书由武汉职业技术学院程军老师和武汉交通职业学院赵新老师担任主编，武汉交通职业学院熊薇薇老师参与编写。其中，程军老师负责教材的整体设计，编写课题一、课题二、课题四并统稿；赵新老师和熊薇薇老师编写课题三、课题五。

　　由于编者时间和能力有限，书中难免存在不足之处，敬请读者批评指正。

编　者

目 录

课题一　单回路电路的分析

 项目导入：手电筒照明系统

 项目描述

手电筒是人们日常生活中非常熟悉的用电器，也是典型的最简电路单元，所谓"麻雀虽小，五脏俱全"。本课题以其作为研究对象，深入观察其工作过程，以问题为导向，建立对电路基本的认知。深入学习电路理论涉及的基础知识点，包括电路的定义、组成、模型及电路基本物理量、元件、工作状态等，学以致用，以掌握的知识综合分析手电筒照明电路。

 问题导入

任务一　灯泡是如何亮起来的

手电筒的功能是照明，灯泡作为照明设备，是如何发光的呢？这需要从电路的本质来分析。

知识链接 1　何谓电路

顾名思义，"电路"就是电子移动的通路。

如图 1-1 所示，如果电子被非电场力（局外力）拉动，就是局外力做功的过程，也是产生电能的过程，这一类供电设备称为电源，是电子移动的动力源泉。电子在电场中受到电场力的牵引而运动起来，就是电场力做功的过程，从而消耗电能，这一类用电设备称为负载。

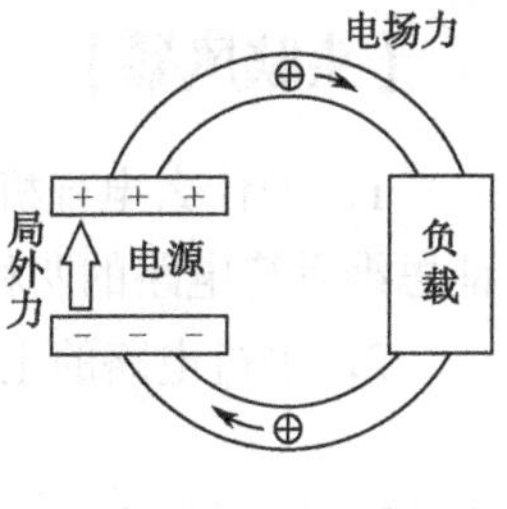

图 1-1　电子移动的通路

实际电路其实就是由供电设备和用电设备按预期目的连接构成的集合，是一个电系统。

手电筒照明电路就是供电设备（干电池）和用电设备（灯泡）为实现照明的功能而组成的集合——电系统。

【头脑风暴】

1. 为什么电子可以移动？

2．从受力和能量角度分析电子在一段闭合电路中的运动过程。

笔记

知识链接2　电路的基本功能

实际电路的形式是多种多样的，其基本功能可分为两种。

（1）能量的传输、分配与转换

电开水壶能将常温水烧开，这是因为电流流过电路时，将电能转化为了热能。

电力系统等"强电"电路，特点是功率大、电流大。图1-2（a）中，发电厂中的发电机将热能、水能或原子能等转换成电能，通过变压器等中间设备传输出去，分配至各类负载。

手电筒照明电路将化学能转换为电能，电能又转化为光能，使灯泡亮起来。

（2）电信号的传递与处理

电视机电路，主要实现对无线电信号的接收、传递、处理、输出。这一类电子系统，特点是功率小、电流小。

图1-2（b）中，扩音机将所接收的信号经过处理（放大、整形等）和传递，由扬声器输出。

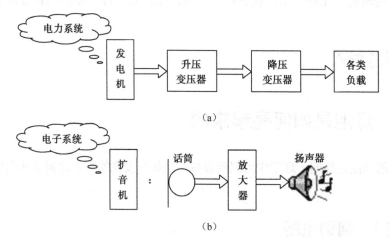

图1-2　电路在两种典型场合的作用示意图

【头脑风暴】

1．为什么电视机工作一段时间后外壳有明显的发热现象？由此以"抓主放次"的辩证思维看待电路的两种功能在实际中的作用。

2．手机电路的主要功能是什么？

任务二　建立手电筒电路的图

如图1-3所示，如果仅仅把手电筒看成一个电系统，我们关心的主要组件包括：电池、灯泡、连接器和开关。从对手电筒结构的分析，可以抽象出电路系统是由电源、负载、连接导线和开关组成的，如图1-4所示。

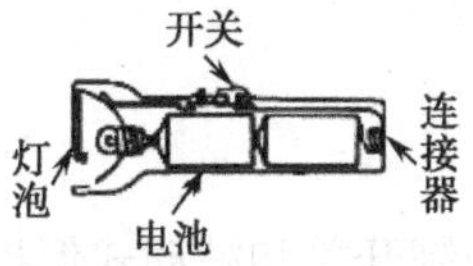

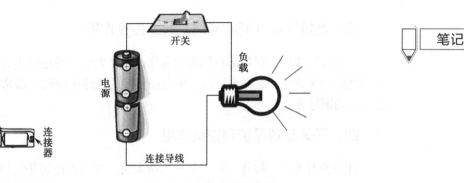

图1-3　手电筒结构图　　　　图1-4　手电筒电路组成图

知识链接 1　电路的组成

一、电源是向电路提供电能的装置

电源为电路提供电能，使导线中的自由电子移动，在移动中将电能传送出去。

常用的电源分为两种：直流电源（DC）和交流电源（AC），如图1-5所示。

电源的极性决定了电路中电流的方向。由于实际电路中电子永远从电源的负极流出，所以只要电源的极性不变，电路中的电流总是保持相同的方向。这种类型的电流称为直流电，电源称为直流电源，如图1-5（a）中的各种蓄电池、干电池。任何使用直流电源（DC）的电路都是直流电路。当电源的电压极性发生改变或交替变化时，电路中电流的方向也将发生变化。这种类型的电流称为交流电，电源称为交流电源，如图1-5（b）中的汽轮发电机和风力发电机。任何使用交流电源（AC）的电路都是交流电路。

二、负载是消耗电能的装置

负载是电路的一部分，实现了电能的转换。负载可以将电能转换为用户所期望的功能或电路的有用功。为了实现其功能，需要将电能转换为其他形式的能。常见的负载设备包括台灯、电视、电动机等，如图1-6所示。

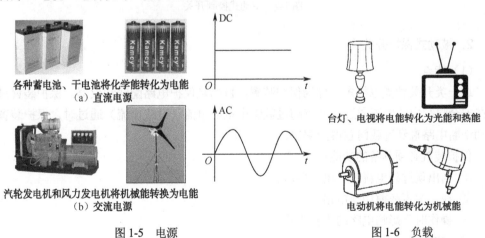

各种蓄电池、干电池将化学能转化为电能
（a）直流电源

汽轮发电机和风力发电机将机械能转换为电能
（b）交流电源

图1-5　电源

台灯、电视将电能转化为光能和热能

电动机将电能转化为机械能

图1-6　负载

三、连接导线（简称导线）起到连接作用

导体或导线用于在各部件间形成通路。导体为电子通过提供极小电阻的通路。通常导体都经过绝缘处理，这样可以保证电流在正确的通路中流动。最常用的电导体是带有塑料绝缘层的铜导线。

四、开关起到保护和控制作用

开关种类繁多，按其作用主要分为两大类：主动式控制开关和被动式保护开关。

1. 主动式控制开关

（1）特点

这一类开关一般用在主回路中，由人主动控制电路的开始、停止或改变电流的工作状态等。

（2）实例

如手电筒开关，可实现接通灯亮、断开灯灭。如图 1-7（a）所示为普通开关，主要实现通、断电流功能；还有一类集启停、调节电流功能于一体的，称为调节器。如调光器主要用于接通或断开电流，可以通过改变电流的大小来控制灯的照明程度。类似的还有温控器、调速器、调压器等。如图 1-7（b）所示为无极调光器，如图 1-7（c）所示为多挡位调光器。

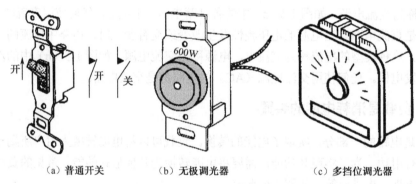

（a）普通开关　　　　（b）无极调光器　　　　（c）多挡位调光器

图 1-7　主动式控制开关

2. 被动式保护开关

（1）特点

这一类开关种类也很多，称为保护装置，目的是保护电路配线和仪器。保护装置只允许在安全限制内的电流通过。当有超过额定电量的电流（过载电流）通过时，保护装置会自动切断电路直到过载问题得到解决。

保护装置必须具备的功能：

① 当出现过载电流时，迅速感应。

② 在产生事故前切断电路。

③ 操作时不影响电路的正常工作。

（2）实例

常用的两种保护装置为熔断器和断路器（断路开关），如图 1-8 所示，当然，断路开关也可以人为控制启停。如图 1-9 所示为含保护和控制装置的实际电路。

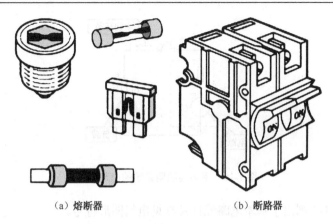

（a）熔断器 （b）断路器

图 1-8 熔断器和断路器（断路开关）

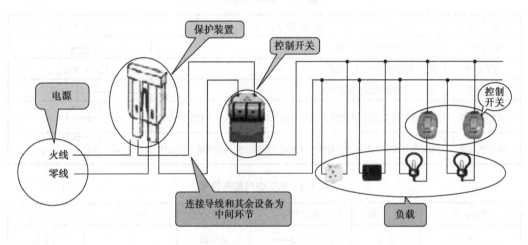

图 1-9 含保护和控制装置的实际电路

【头脑风暴】

1. 有没有哪一种电气设备既可以充当电源输出电能，又可以充当负载消耗电能？

2. 你了解市场上常用干电池的型号吗？

3. 蓄电池是电动车载能源，是朝阳行业也具有很多局限性。请查阅相关资料，整理出一篇关于蓄电池的科普文章。

4. 金属导体有很多种，为什么日常所用导线都是铜线？

5. 观察身边的电风扇调速器和空气开关，说明开关的类型及特点。

知识链接2 电路模型

任何一个实际系统在做理论研究前，都必须建立系统模型，然后用符号的形式记录下来。对电系统的研究也是如此，电路的图称为电路模型。

电路模型由电气设备和元件的符号及连接符号组成，这使记载、研究电路更为简单、迅速、有效。下面就列举一些本书和国际中常用的电气符号（并非所有符号都是一样的，可能会因为制造商不同而不同）。

如图 1-10 所示为手电筒照明系统的电路模型，应用到电压源符号、电阻符号、开关符号和导线符号。

笔记

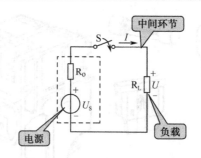

图 1-10 手电筒照明系统的电路模型

表 1-1 和表 1-2 列出了基本电路元件及常见电气图形符号。

表 1-1 基本电路元件

名　　称	电磁特性	图形符号
电阻元件	表示只能消耗电能的元件	R
电感元件	表示只能储存磁场能量的元件	L
电容元件	表示只能储存电场能量的元件	C
理想电压源	表示各种将其他形式的能量转变成电能且以恒定电压信号输出的元件	U_S
理想电流源	表示各种将其他形式的能量转变成电能且以恒定电流信号输出的元件	I_S

表 1-2 常见电气图形符号

图形符号	名　　称	图形符号	名　　称	图形符号	名　　称
	开关		电阻器		接机壳
	电池		电位器		接地
G	发电机		电容器	○	端子
	线圈	A	电流表		连接导线、不连接导线
	铁芯线圈	V	电压表		熔断器
	抽头线圈		二极管		灯

技能拓展　电路建模

【技能目标】 了解研究电路理论的重要方法——建模；理解分析电路的重要思维方式——抽象思维。

综合技能训练

一、为什么要建模

在工程实际允许的条件下对实际电路进行模型化处理，称为"建模"。"建模"是将实际系统引向理论研究的必需手段，也是对系统进行量化分析的基础。所谓量化分析，就是指建立相关物理量之间的数学函数关系。而量化分析的最终目的却是反过来修正或构架新的实际电路。

例如，小灯泡的亮度由什么决定？与其电压、电流之间的量化关系是什么？如果知道了其特征是否可以生产出各种亮度的灯泡？要回答这些问题，就得建立数学模型。

下面就从实际电系统入手，了解建模的过程。

二、建模的思路

建模过程往往要应用抽象观点来实现。抽象是一种思维方式，更是一种非常有效的分析和综合工具，其最大的特点就是将一个具象事物的主要特征抽象为一类事物的共性特征。

下面以手电筒电路为例，说明电路建模的一般思路。

1．从整体上对实际电系统进行剖析

图 1-3 为手电筒结构图，其包括电池、灯泡、连接器、开关四个组件。下面分析各组件在这个系统中的作用。

① 电池，是这个系统的动力来源，将自身的化学能转换成电能提供给各组件。将这一类组件称为"电源"，"电源"就是指可以提供电能的装置。

② 灯泡，消耗电能，输出光能，最终产生照明作用，这一类组件称为"负载"。

③ 连接器，首先在电池和容器之间提供一条通道。其次，形成弹簧卷为电池和灯泡之间的接触提供机械压力，机械压力的作用是保持两个电池之间的接触以及保持电池和灯泡之间的接触。所以，在为连接器选择材料时，机械特性比电特性更重要。

④ 开关，是一个两状态元器件，或者接通，或者断开。

2．电路元件的建模

将各个实物模型化，如将灯泡抽象为电阻元件，观察电阻元件有什么共同特性，这就是元件建模，就是从实物到电路元件的抽象处理的过程。

如图 1-11 所示，电阻元件建模的过程就是抽象思维方法的典型应用。手电筒系统中，灯泡是一个具象部件，我们抓住其消耗电能的电磁特性将其抽象为电阻元件，凡是具有消耗电能特性的元件都可以抽象为电阻元件。如电水壶、烤箱这些具象电器，其电磁特性以消耗电能为主，因此都可以抽象为电阻元件。用这一类称为电阻元件的实物做实验，发现其两端电压与流过的电流之比相对恒定，从而建立电阻元件的数学模型。

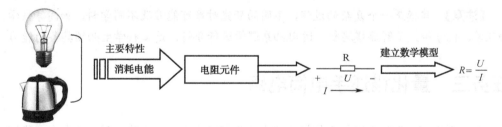

图 1-11　电阻元件建模的过程

3．建立电路的图（模型）

将各个电路元件模型以一定的逻辑连接起来的图，就是电路的图。

从电源开始，两节电池的正负极相连，一节电池的负极连接灯泡，灯泡的另一端与开关相连，开关的另一端通过容器连接另一节电池的正极，形成一个闭合回路，如图 1-12（b）所示。再以表 1-1 及表 1-2 所示的元件图形符号标注实物模型，形成图 1-12（c）所示的电路模型。

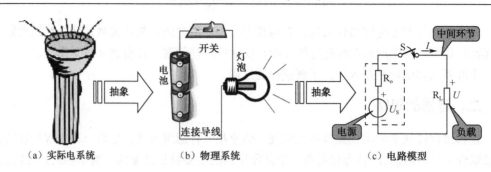

（a）实际电系统　　　　（b）物理系统　　　　（c）电路模型

图 1-12　实际电系统模型化的过程

三、电路模型的不唯一性

1. 不同的电气设备，可能具有相同的电路模型

只要电气设备的主要电磁特性相同，在一定条件下可用同一电路模型来表示，如灯泡和电水壶的电磁特性都是消耗电能，因此都可以用电阻元件来表示；日光灯和电动机的电磁特性都是能存储磁场能量，因此都可以用电感元件来表示。

2. 同一电气设备，可能具有不同的电路模型

同一电气设备在不同的应用条件下，其电路模型可以有不同的形式，如电感线圈，在不同性质的电路中，其模型就不一样（见图 1-13）。

课堂随测–认识
电路

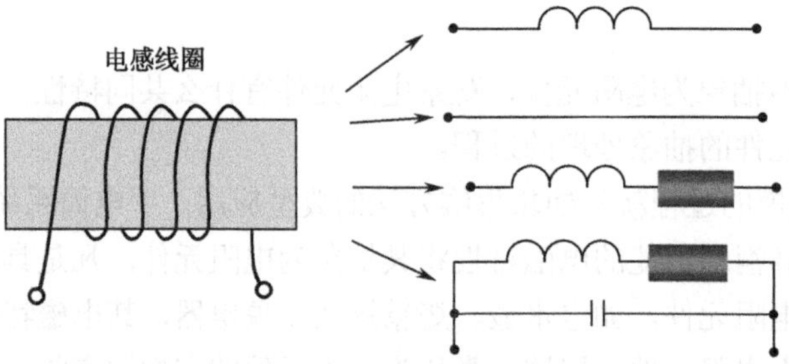

扫码看答案

电感线圈

（a）电感线圈图形符号

（b）电感线圈中通过直流的模型

（c）电感线圈中通过低频电流的模型

（d）电感线圈中通过高频电流的模型

图 1-13　电感线圈在不同性质电路中的模型

【注意】 建模是一个复杂的过程，不同的研究对象可能涉及不同学科，如高等数学、物理学、化学等。了解建模思想，运用抽象逻辑进行分析，是工科学生必须具备的能力。

任务三　量化描述手电筒电路

要对手电筒工作状态进行量化描述就需要研究电路中的基本物理量。本书中，我们将研究电压、电流、电能与功率。

电荷的概念是一切电现象的基础。电荷是离散的，有正电荷与负电荷之分，正、负电荷的分散形成电压，如图 1-14 所示。电荷的运动形成电流，如图 1-15 所示。电荷运动做的功就是电能。

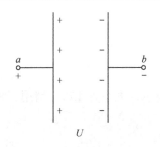

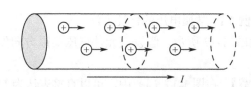

图 1-14　正、负电荷的分散形成电压　　　　图 1-15　电荷的运动形成电流

知识链接 1　电压

一、电压的描述

1. 定义

电压是衡量电场力做功能力大小的物理量。

如图 1-14 所示，a、b 两点间的电压定义为在电场力作用下单位正电荷从 a 点移动到 b 点所做的功 W_{ab}，即

$$U_{ab} = \frac{W_{ab}}{q} \tag{1-1}$$

式中　W_{ab}——电场力将正电荷从 a 点移动到 b 点所做的功，单位是焦耳（J）；

　　　q——从 a 点移动到 b 点的电荷量，单位是库仑（C）；

　　　U_{ab}——a、b 两点间电压，单位是伏特（V）。

2. 两点间电压与路径无关

做功描述的是起点 a 与终点 b 之间的势能差，而与两点间路径无关。因此，两点间的电压也具备这种特性。

如图 1-16 所示，从 a 点到 b 点的路径有 acb、ab、adb 三条，但无论怎么求解电压都是一样的，标注均为 U_{ab}。

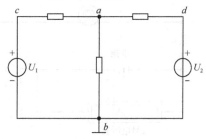

图 1-16　两点间电压与路径无关

二、电压的实际方向及标注方法

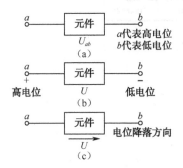

图 1-17　元件电压方向的标注方法

1. 实际方向

图 1-14 中，电压的实际方向就是由正电荷指向负电荷，正电荷所在 a 点称为高电位，用"+"标示，负电荷所在 b 点称为低电位，用"−"标示，故电压实际方向也定义为由高电位指向低电位，即电位降落的方向。

2. 标注方法

如图 1-17 所示，元件电压方向有三种标注方法：
- 下标以两端点字母标注的 U_{ab}（a 代表高电位、b 代表低电位）。

● 直接以极性符号"+""–"标注的 U。

● 以箭头标注的 U（箭头代表电位降落的方向）。

【例1】 掌握电压的标注方法。

如图 1-17 所示，假设该元件电压实际方向如图中所示，大小为 15V，请用三种方法表达。

【解】 在图 1-17（a）中，可以直接表达为 U_{ab}=15V。

在图 1-17（b）中，用"+""–"标注电位，可以表达为 U=15V。

在图 1-17（c）中，用表示电位降落方向的箭头标注，可以表达为 U=15V。

三、电压的测量

电路中任意两点间电压都可以用电压表（伏特表）测量，如图 1-18 所示。

电压表在使用中必须注意：

● 电压表必须并联在被测两点之间（其内阻视为无穷大）。

● 交、直流的挡位切换：直流挡用来测直流，交流挡用来测交流。

● 使用直流挡时，注意"+""–"极性要与红黑表笔相对应。

● 合理选择量程。用小量程测大电压，会烧坏电压表；用大量程测小电压，会影响测量的准确度。在无法估计电压范围时，必须从高挡位开始测量，再逐步向真值挡位调节。

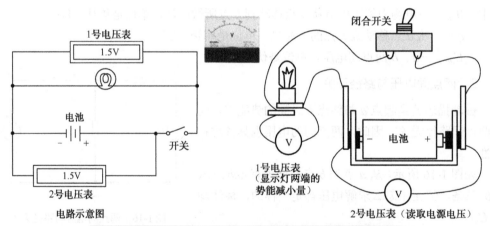

电压	基本单位	极小电压单位		极大电压单位	
符号	V	μV	mV	kV	MV
表示	伏特	微伏	毫伏	千伏	兆伏
换算	1	0.000001	0.001	1000	1000000

图 1-18　电压的测量及单位换算

知识链接2　电流

一、电流的描述

带电粒子的有规则的定向运动形成电流，如图 1-15 所示。在导体中带电粒子是电子，在半导体中带电粒子是载流子，在电解液中带电粒子是离子。

想要获得持续的电流，有两个必要条件：

● 导体两端存在电位差（电压）拉动电子动起来。

● 在封闭回路中电子持续流动。

电流的大小以电流强度表示，定义为单位时间内通过导体横截面 S 的电荷量，用于衡量电流的强弱，简称电流，用符号 I 表示。

$$I = \frac{Q}{t} \tag{1-2}$$

式中 Q——时间 t 内通过导体横截面的电荷量，单位为库仑（C）；

t——时间，单位为秒（s）；

I——电流，单位为安培（A）。

二、电流的实际方向及标注方法

1．实际方向

将正电荷运动的方向规定为电流的实际方向，即从电源的正极经过负载流向负极。

如图 1-19 所示，在单电源电路中，可以明确判定电流的真实方向。

图 1-19（a）中，由电压源两端的高、低电位信息，可以确定电流从电源正极流出，流进负极，图中电流方向为逆时针。

图 1-19（b）中，电流源的电流流经该元件，即元件与电流源的电流方向相同。

2．标注方法

电流的标注方法有 2 种，如图 1-20 所示。

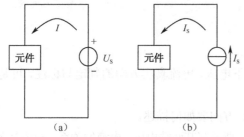

图 1-19 由电源极性判定电流方向

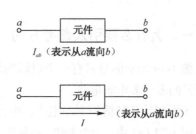

图 1-20 元件电流方向的标注方法

● 下标以两端点字母标注的 I_{ab}（a 代表高电位、b 代表低电位）。

● 以箭头标注的 I（箭头代表电流的方向）。

三、电流的测量

电流的大小可以用电流表（安培表）直接测量，如图 1-21 所示。

普通电流表有指针式的模拟电流表，也有液晶显示的数字电流表。用这类电流表测量某元器件或支路电流时必须将其串接在所测支路中，需要将电路切断停机后才能将电流表接入进行测量，这是很麻烦的，有时正常运行的电动机不允许这样做。而利用电磁转换原理制成的钳形电流表，可以直接将所测支路钳住，既可显示电流大小，又可以在不切断电路的情况下来测量电流，比使用普通电流表方便多了。

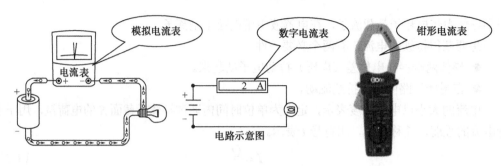

图 1-21　电流的测量

普通电流表在使用中必须注意：

● 电流表必须串联在被测支路中（其内阻视为零）。
● 交、直流的挡位切换：直流挡用来测直流，交流挡用来测交流。
● 使用直流挡时，注意"+""–"极性要与红黑表笔相对应。
● 合理选择量程。一般选择的量程应为实际电流值的 1.5～2 倍。

常用的电流单位有千安（kA）、毫安（mA）、微安（μA）等。在电力系统中电流极少以 kA 为单位，在电子电路中 A 数量级的就是大电流了，通常以 mA、μA 为单位。

【头脑风暴】

1．以类比的方式，说一下电压与水压、电流与水流的相似点。
2．可以直接在插座的两点间测量电压还是电流？为什么？
3．从物理量定义的角度进行分析：两点间有电压就一定有电流吗？有电流就一定有电压吗？

知识链接3　参考方向

一、为什么要引入参考方向

图 1-19 表示的是只有一个电源的情况下电压、电流真实方向的判定与标注，可是实际中研究的多是多电源电路。

下面来看几种情形下，电压、电流真实方向要如何描述。

图 1-22（a）中，一个未知、抽象的元件，要研究其两端电压、电流的关系，应该怎么办？

图 1-22（b）中，电阻 R 上有两个电源同时对其作用，作用方向相反，那么在 R 上究竟产生的是哪个方向的电流呢？

显然，在量化分析前我们无法预知电压、电流的真实方向。

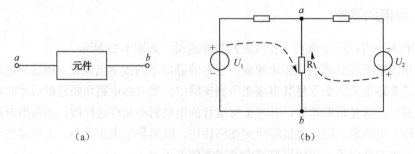

（a）　　　　　　　　　　（b）

图 1-22　参考方向的引入

二、电压的参考方向

由于电压方向由两点之间的电位高低决定，有且只有两种可能："+"指向"–"或者"–"指向"+"。因此，可以人为引入一个假定方向（参考方向），最后以该方向下电压值的正负来判定真实方向。

● 任意假定两端点的正负极性作为电压的参考方向。
● 当电压的参考方向与真实方向一致时，则电压为正值（$U>0$）。
● 当电压的参考方向与真实方向相反时，则电压为负值（$U<0$）。

可见，只有参考方向被假定后，电压的值才有正负之分。

如图 1-22 所示，R 元件的电压方向有且只有两种可能，a 指向 b 或者 b 指向 a。如果在未知实际方向的前提下，我们任意选定其中一种，就称为电压的"参考方向"。

图 1-23（a）中：假设元件电压参考方向为 a 指向 b，且分析后可得元件的真实电压方向也为 a（高电位 φ_a）指向 b（低电位 φ_b），则一定有 $U_{ab}=\varphi_a-\varphi_b>0$，反过来理解，只要电压值为正值，就表明标注的参考方向即为真实方向。

图 1-23（b）中：如果元件电压参考方向为 b 指向 a，而真实电压方向还是 a 为高电位、b 为低电位，那么一定有 $U_{ba}=\varphi_b-\varphi_a<0$，反过来理解，只要电压值为负值，就表明标注的参考方向为真实方向的反方向。

图 1-23 表明了电压参考方向与真实方向的关系。

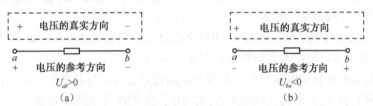

图 1-23　电压参考方向与真实方向的关系

三、电流的参考方向

同理，电流也可以引入参考方向，如图 1-24 所示。

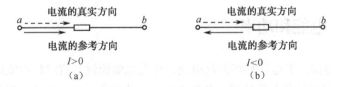

图 1-24　电流参考方向与真实方向的关系

● 任意假定某一个方向作为电流的参考方向。
● 当电流的参考方向与真实方向一致时，则电流为正值（$I>0$）。
● 当电流的参考方向与真实方向相反时，则电流为负值（$I<0$）。

可见，只有参考方向被假定后，电流的值才有正负之分。

四、关联与非关联参考方向

同一个元件，如果电流的参考方向与电压的参考方向一致，称为关联参考方向；如果电流的参考方向与电压的参考方向不一致，称为非关联参考方向，如图 1-25 所示。

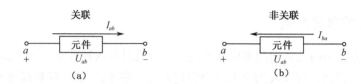

图 1-25　电压与电流参考方向的关系

通常在电路分析中，第一步就是要明确各个元件的电压、电流的参考方向，在这个前提下进行的数据分析才有意义。

【例 2】　深入理解电压与电流的参考方向及其关联性。

图 1-25（a）中，电流、电压分别为 2A、-20V。

（1）正确书写电压和电流的表达式。

（2）说明电压、电流的真实方向。

（3）如果改为图 1-25（b），电压、电流数据不变，则其真实方向又是怎样的？

（4）分别说明图 1-25（a）、（b）中电压和电流参考方向的关联性。

【分析】　不论电压还是电流，只要其参数为正值，就表明参考方向与真实方向一致；只要其参数为负值，就表明参考方向与真实方向相反。

【解】　（1）图 1-25（a）中，I_{ab}=2A，U_{ab}=-20V。

（2）因为 I_{ab}=2A>0，所以电流真实方向也是从 a 流向 b。因为 U_{ab}=-20V<0，所以电压真实方向与参考方向相反，即 b（+），a（-）。

（3）图 1-25（b）中，因为 I_{ba}=2A>0，所以电流真实方向也是从 b 流向 a。因为 U_{ab}=-20V<0，所以电压真实方向与参考方向相反，即 b（+），a（-）。

（4）因为关联性只与电压、电流参考方向的设定有关，与其真实方向或者其取值正负无关，因此图 1-25（a）中为关联参考方向，图 1-25（b）中为非关联参考方向。

【头脑风暴】

1. 已知元件电压 U_{ab}=-12V，则 U_{ba}=？元件电压的真实方向是什么？

2. 一个元件的电压和电流的参考方向的组合有几种可能？

知识链接 4　电能和功率

灯泡发光、电梯上下运行都在消耗电能，这是电流流过负载时将电能转换为其他能量（如光能、热能、机械能等）的体现，也是电流做功的体现，电流做功与哪些因素有关呢？电能消耗的快慢又怎样描述呢？

一、电能和功率的定义

1. 电能的定义

电能即电场力所做的功，简称电功，记为 W。

$$W=Uq=UIt \qquad (1-3)$$

式中　W——电功，单位是焦耳（J）；

$\quad\quad\quad U$——导体两端电压，单位是伏特（V）；

I——导体中流过的电流，单位是安培（A）；

t——用电时间，单位是秒（s）。

显然，电功的大小不仅与电压、电流的大小有关，还取决于用电时间的长短。

2．功率的定义

单位时间内电场力所做的功称为电功率，简称功率 P。

$$P = \frac{W}{t} = UI \tag{1-4}$$

式中　P——功率，单位是瓦特（W）；

W——电功，单位是焦耳（J）；

t——用电时间，单位是秒（s）。

二、量化分析

1．电能的计算

通常电能的计算公式为 $W=Pt$。

虽然电能的国际单位是焦耳（J），但在日常生活中，电能的计量单位为"度"，其定义为功率为 1 千瓦的用电器 1 小时内所消耗的电能，即"千瓦时"。1 度电=1kW·h=1000W×3600s=$3.6×10^6$J。

【例3】　掌握电能的计算方法。

每个教室配备 15 个"220V 40W"日光灯，每天共使用 12 小时，一学年 9 个月（按 30 天/月计算），要消耗多少度电？

【解】　$W=Pt=40×10^{-3}×12×30×9×15=1944$ 度。

2．功率的计算

元件的功率往往以元件的电压和电流来计算。

（1）在关联参考方向下（如图 1-26（a）所示），$P=UI$。

（2）在非关联参考方向下（如图 1-26（b）所示），$P=-UI$。

功率性质的判定：无论哪种情况下，都有如下判定。

（1）$P>0$：元件吸收功率，将电能转化为其他形式的能即耗能，在电路中起负载作用。

（2）$P<0$：元件输出功率，将其他形式的能转换为电能即供能，在电路中起电源作用。

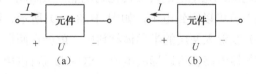

图 1-26　元件功率的计算

【例4】　已知元件的电压、电流，计算其功率。

如图 1-27 所示，分别说明元件功率的大小及性质。

【步骤】

（1）首先确定电压与电流的关联性，如果元件上电流与电压参考方向非关联，则 $P=-UI$；如果元件上电流与电压参考方向关联，则 $P=UI$。

（2）再代入电压、电流值求出 P。

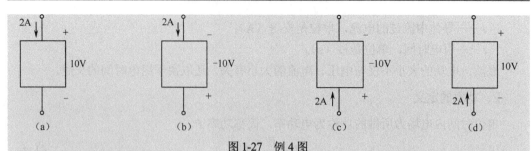

图1-27 例4图

（3）判定功率性质。如果$P>0$，元件此时吸收功率；如果$P<0$，元件此时输出功率。

【解】

（1）图1-27（a）中，电压与电流参考方向关联，故$P=IU=2×10=20W>0$，元件吸收功率。

（2）图1-27（b）中，电压与电流参考方向非关联，故$P=-IU=-2×(-10)=20W>0$，元件吸收功率。

（3）图1-27（c）中，电压与电流参考方向关联，故$P=IU=2×(-10)=-20W<0$，元件输出功率。

（4）图1-27（d）中，电压与电流参考方向非关联，故$P=-IU=-2×10=-20W<0$，元件输出功率。

技能拓展1 电能的来源

【技能目标】 阅读相关技术文献，并加以归纳总结。

我们在工作学习中，往往会遇到现场无法解决的问题，需要查阅相关文献，并加以归纳总结，这就是一种再学习能力，也是使自己可持续发展的能力。这样的能力是可以培养的，需要多加训练。

一、电能的源

电子的流动需要一定的电动势或电压，而电源由多种不同的原始能源产生，这些原始能源表现形式不一，但都可转换为电能。电动势的原始来源包括光能、化学能、热能、压电效应、机械磁能等。

1. 光能

光能可通过太阳能电池或光电电池直接转化为电能。太阳能电池由一种半导体光感材料组成，当光照到材料上就可以得到电子，如图1-28（a）所示。最普通的太阳能电池就是基于光感作用的，当光线射入两层的半导体材料中，就会在两层中产生电位差或电压。电池中产生的电压通过外接电路就可以形成电流，这些电流可以用来驱动电子设备。输出电压与照在电池表面上的光能成一定比例。将太阳能电池与蓄电池相连，就成为一种可靠的电源，阳光充足时还能够给蓄电池充电，没有阳光的时候则可以使用蓄电池中的电能。如图1-28（b）、（c）所示，太阳能可直接为终端用户服务。

2. 化学能

蓄电池或伏打电池可将化学能直接转化为电能（如图1-29所示），蓄电池一般包含两个电极和电解液。观察蓄电池，会注意到每个电池都有两个接头端，一个接头端标志着（+）或正极，另一接头端标志着（-）或负极。在AA、C或D型电池（一般是手电筒电池）中，电池的底部就是接头端。在大的车用电池中，两个大的导线柱为接头端。

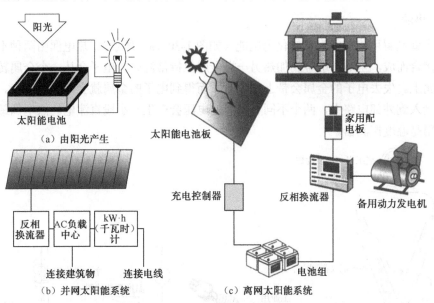

图 1-28 太阳能的利用实例

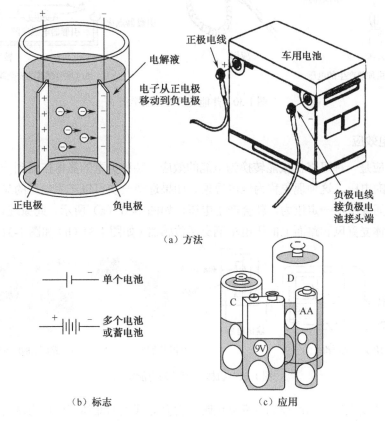

图 1-29 由化学能产生电能实例

　　将蓄电池接入闭合电路中，化学能便可转化为电能。电池中的化学反应使电解液和电池的两极发生反应，结果电子从一端电极移到另一端电极，这样就使失去电子的电极产生了正电荷，而得到电子的电极产生了负电荷。虽然蓄电池是一种受欢迎的低压、便携 DC

电源，但是其较高的能量消耗限制了它的使用范围。

3. 热能

热电偶装置可将热能直接转化为电能（如图1-30（a）所示）。热电偶由两种不同类型的金属接合而成，当对一端金属加热另一端金属保持常温时，电子会从一个金属转移到另一个金属上。失去电子的金属会带上正电荷，而得到电子的金属就会带上负电荷。如果将热电偶接入到外部电路中，两个不同金属间的电压会产生一小股直流电。热电偶最广泛的实际应用是温度探测器。

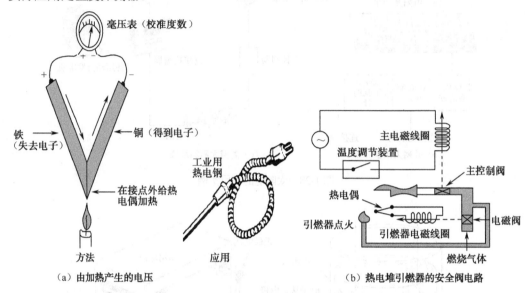

（a）由加热产生的电压　　　　　　　　　（b）热电堆引燃器的安全阀电路

图1-30　热能转换为电能实例

4. 压电效应

压电效应是一种可将机械能转换为电能的效应。某种类型的晶体在受到一定的压力时会产生少量的电压，这种现象称为压电现象。如果选择一块可以产生电压的晶体，放在两块金属板中间并施加一定压力，就会产生电压，如图1-31（a）所示。此原理有多种应用，包括用于晶体麦克风和路面上的压电车辆交通传感器（如图1-31（b）和图1-31（c）所示）。

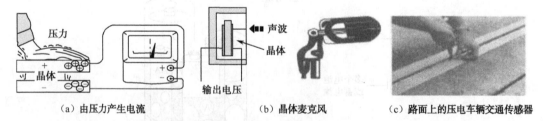

（a）由压力产生电流　　　　　（b）晶体麦克风　　　　　（c）路面上的压电车辆交通传感器

图1-31　机械能转换为电能实例

对于晶体麦克风，当声波到达麦克风时，就会对其中的晶体产生压力从而产生一小股电流。压电车辆交通传感器一般用于收集数据，将它嵌入公路中，压力就从公路传到传感器上，通过分析由压力产生的电压，就可以测量车辆的重量及速度。

5. 机械磁能

我们使用的电大部分是由将机械磁能转化为电能的发电机产生的。当一个导体从磁场中穿过时，导体中就会产生电流，如图 1-32（a）所示，这种现象称为电磁感应，是发电机发电的原理。

如图 1-32（b）所示为一个单线圈发电机（交流发电机），当一定范围内的磁力线被旋转线圈（旋转体）切割时，便会产生电流。一个永久磁铁（固定片）会产生一个连续稳定的磁场，当旋转体在磁场中旋转时，在旋转体的线圈中就会产生电流。线圈中的电流通过滑动环为电灯提供电能。发电机产生的电压大小取决于磁场的强度及旋转体的旋转速度。磁场越强、旋转速度越快，旋转体中产生的电压越大。电磁石可以替代永久磁铁来提供一个足够强的磁场。虽然这种发电机产生的是交流电，但是它也可以被设计成既可产生直流电又可产生交流电的设备。

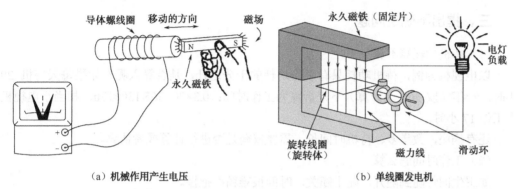

（a）机械作用产生电压   （b）单线圈发电机

图 1-32　机械磁电的转化实例

驱动发电机需要一定的机械力，也就是在磁场中旋转线圈。蒸汽轮机常用于提供发电机所需的机械力，将水加热（如使用煤、石油）就可产生蒸汽，这些蒸汽就可以驱动轮机、旋转线圈。

二、技能训练（归纳整理总结）

请以表格形式进行归纳总结。

能源形式				
典型实例				
工作原理				
结论（站在自身关注的角度进行分析，你认为哪一种能源最有发展前景）				

技能拓展 2　电能的估算

【技能目标】　对实际项目做出合理性估算，也是重要技能之一。

要估算家庭年度电费，只要知道年度用电量即电能，再乘以当地单位电费，即可得出结论。

一、明确理论算法

用电量为

$$W=\sum W_j=\sum P_j T_j$$

式中　j——每种电器的编号；

笔记

P——电器额定功率（kW）；

T——用电时间（h）；

W——用电量（度）。

二、提出未知问题

显然，未知问题主要是电器的功耗。很少人能记得家里所有电器的功耗，但我们可以通过搜索相关信息查到，如电视机品牌、尺寸、特点等信息一般是较为清晰的。例如，电视机信息包括"三星品牌、等离子、51 英寸"，上网搜索马上可以得到"工作功耗 130W、待机功耗 0.3W"。

三、提出不确定问题

（1）待机功耗算不算

以电视机为例，待机功耗只有工作功耗的千分之几，是否算入呢？如果每天待机 20 小时，一年（按 365 天计算）下来折算为工作时间：$0.3 \times 20 \times 365 / 130 \approx 17h$，相当于电视机多工作 17 小时。

还有插座，数量多、待机时间长，需要权衡是否进行计算或者估算。

（2）工作时间怎么算

如卫生间灯随到随开，随走随关，时间很难精准把握。

四、估算原则

课堂随测-物
理量

扫码看答案

上述问题怎么解决？有一个指导思想就是"抓主放次"。把家里主要的电器作为估算对象，把它的核心工作时间确定下来，计算出年度用电量 W，然后给出一个修正值。修正值可以按照"二八规律"选取，即那些零散、不确定因素导致的损耗占 20%，主要电器的功耗占 80%。

二八规律"是对不平衡系统分配规律的描述，由意大利经济学家巴莱多发现。本例中，估算功耗总量=主要电器核心用电量（电能）/0.8。

主要电器功率			……
核心工作时间			……
电能			……
估算功耗总量			

任务四　分析手电筒工作电路

知识链接 1　电源元件

电路元件及

欧姆定律

分析电路首先就得了解电路元件。

一、从哪些方面了解元件

（1）元件模型符号：便于描述。

（2）元件内特性：了解其材料特性、结构特点、功能特征等。

（3）元件外特性（伏安特性）：即工作电压和电流之间的量化关系，掌握其伏安特性是应用的基础。

（4）元件的典型应用。元件的伏安特性决定了元件的应用。

如图 1-33 所示，元件①的伏安特性呈现直线关系，该元件称为线性元件，说明该元件在工作中电流与电压时刻成比例变化；元件②的伏安特性呈现非直线关系，该元件称为非线性元件。本书中对电路的分析建立在由线性元件组成的电路基础上。

如元件①的电压与电流的比值不变，即为电阻元件。元件②在达到某个电压阈值后电流急剧增加，可以应用为单向开关。

图 1-33 伏安特性曲线

二、理想电压源

1. 模型

一个完整的理想电压源模型描述包含三部分：符号、极性和参数，如图 1-34（a）所示。U_s 既代表电压源符号，又表示参数值；其极性（方向）用"+""–"表示。

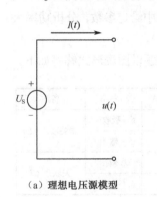

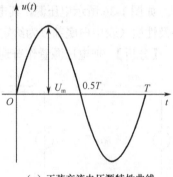

（a）理想电压源模型　　　（b）直流电压源特性曲线　　　（c）正弦交流电压源特性曲线

图 1-34 理想电压源特性

2. 特性

理想电压源也称恒压源，是一个二端元件，其特点如下。

① 与时间关系（内特性）：恒压源对外提供的电压 $u(t)$ 是某种确定的时间函数，不会因所接外电路的不同而不同，常见的恒压源有直流电压源和正弦交流电压源。

如图 1-34（b）所示为直流电压源特性曲线，即 $U(t)=U_s$。

如图 1-34（c）所示为正弦交流电压源特性曲线，即 $u(t)=U_m\sin\omega t$，ω 为角频率。

② 与电流关系（伏安特性）：通过恒压源的电流 $i(t)$ 随外接电路的不同而不同，如图 1-35 所示。

图 1-35（a）中恒压源电压与其电流真实方向是相反的。

图 1-35（b）中列出了电压源在开路时，电压不变，电流为 0；在正常工作时，其电压仍然不变，电流大小由负载决定。

图 1-35（c）中，$u_S(i)=U_S$，即无论电流怎样变化，电压源电压恒定，所以也称为恒压源。

3. 功率

图 1-34（a）中，当恒压源向外输出功率时，流过的电流与其电压真实方向非关联，此时 $P<0$。

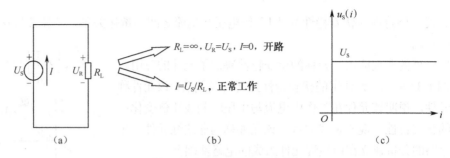

图1-35 理想电压源的伏安特性

而在图1-22（b）中，电路中存在多个电源，那么就有可能其中某一个电压源中流过的电流真实方向与其电压方向相同，此时 $P>0$，电压源相当于负载，吸收来自外电路的功率。

那么实际电路分析中如何判定呢？就是把恒压源看成普通元件，普通元件的功率判定方法完全适用。

【例5】 恒压源功率的分析、计算。

如图1-36所示电压源，其电流参考方向有两种情况，根据表中给定参数，分析功率大小及性质（表中白底部分为给定参数，阴影部分为要求解的参数）。

【分析】 把电压源看作普通元件，解题步骤与例4相同。此题以图表形式解答如下。

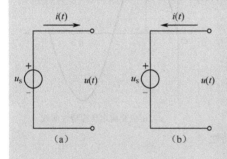

图号	电压/V	电流/A	功率/W	备注
(a)	5	−1	5（吸收）	非关联 $P=-UI$
(a)	5	1	−5（输出）	
(b)	5	−1	−5（输出）	关联 $P=UI$
(b)	5	1	5（吸收）	

图1-36 例5图

4．多个恒压源串联的化简

【例6】 多个恒压源串联的化简。

如图1-37所示，3个恒压源串联连接，可以合并为一个恒压源，其值为各个恒压源的代数和。

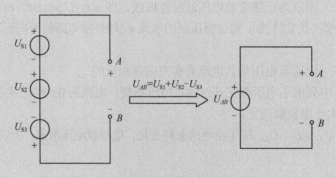

图1-37 恒压源串联的化简

【小结】 （1）恒压源串接的顺序与化简无关。

（2）两个恒压源异性相连，彼此为相加关系，如图中 U_{S1} 和 U_{S2}；如果同性相连，彼此为相减关系，如图中 U_{S3} 和 U_{S2}。

（3）列写计算式：与 AB（设定化简的参考方向）一致符号为+，相反符号为-。

三、理想电流源

1. 模型

一个完整的理想电流源模型描述包含三部分：符号、极性和参数，如图 1-38（a）所示。I_S 既代表电流源符号，又表示参数值；其极性（方向）用箭头表示。

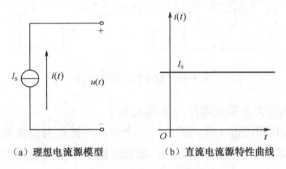

（a）理想电流源模型　　（b）直流电流源特性曲线

图 1-38 理想电流源特性

2. 特性

理想电流源也称恒流源，是一个二端元件，其有以下两个特点：

① 与时间关系：电流源向外电路提供的电流 $i(t)$ 是某种确定的时间函数，不会因外电路的不同而不同，即 $i(t)=I_S$，如图 1-38（b）所示。

② 与电压关系（伏安特性）：恒流源的端电压 $u(t)$ 随外接电路的不同而不同，如图 1-39 所示。

必须明确指出：恒流源电流方向与其电压真实方向是相反的，如图 1-38（a）所示。

图 1-39 中列出了恒流源在短路时，电流不变，电压为 0；在正常工作时，其电流仍然不变，电压大小由负载决定。

由图 1-39 可见，$i_S(u)=I_S$，即无论电压怎样变化，电流源电流恒定。

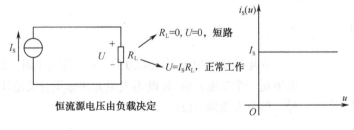

图 1-39 理想电流源的伏安特性

3. 功率

当其电压参考方向与电流源电流方向关联时，$P=UI_S$。

当其电压参考方向与电流源电流方向非关联时，$P=-UI_S$。

当 $P>0$ 时，恒流源实际上吸收功率，此时相当于负载；$P<0$ 时，恒流源实际上输出功率，起到电源作用。

恒流源功率的计算方法和恒压源完全一样，见例5。

4．多个恒流源并联的化简

【例7】 多个恒流源并联的化简。

如图 1-40 所示，3 个恒流源并联连接，可以合并为一个恒流源，其值为各个恒流源的代数和。

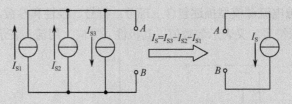

图 1-40 恒流源并联的化简

【小结】 （1）恒流源并接的顺序与化简无关。

（2）两个恒流源共同流进（或同流出）一个节点，彼此为相加关系，如图中 I_{S1} 和 I_{S2} 共同流入节点 A（或者说共同流出节点 B）；如果对同一个节点有两个电流方向，一个流出一个流入，则彼此为相减关系，如图中 I_{S3} 和 I_{S2} 对节点 A 而言，I_{S3} 流出、I_{S2} 流入。

（3）列写计算式：与 AB（设定化简的参考方向）一致符号为+，相反符号为-。

【头脑风暴】

1．多个恒压源之间能并联吗，为什么？

2．多个恒压源之间能串联吗，为什么？

3．一个恒流源与一个恒压源串联，则恒压源中流过的电流就是恒流源的值；恒流源的端电压就是恒压源的值，这样理解对吗？

4．一个恒压源与一个恒流源并联，则恒流源端电压就是恒压源的值；恒压源中流过的电流就是恒流源的值，这样理解对吗？

知识链接2　电阻元件

一、模型

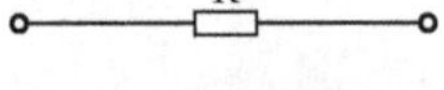

图 1-41　电阻模型符号

在电路中对电流呈现阻力的元件，称为电阻，如图 1-41 所示，电阻是一个二端元件，R 既为电阻元件标识符又是其参数的代数符号，单位为欧姆（Ω）。

二、电阻定律（内特性）

电阻的大小与导体的几何形状及材料的导电性能有关：

$$R = \rho \frac{l}{S} \tag{1-5}$$

式中　R——电阻，单位为欧姆（Ω）；

ρ——电阻率，反映材料的导电性能，单位为欧姆米（$\Omega \cdot m$）；

l——导体的长度，单位为米（m）；

S——导体的截面积，单位为平方米（m^2）。

所有的物质都存在电阻率，也就表现出电阻特性。电阻的大小（阻值）由电阻内部材料和结构决定，与外电路无关。

常用导体中，银的电阻率（$1.6 \times 10^{-8} \Omega \cdot m$）最小，但价格较高，只用在有特殊要求的地方，而铜是常温下性价比较高的材料，其电阻率为 $1.7 \times 10^{-8} \Omega \cdot m$。

【例8】　利用电阻定律求阻值。

家用电线通常采用单芯铜线，100m 一卷。如果某家装修选用 BV1.5（mm^2）（截面积）型号电线 1 卷，其阻值大约为多少？

【解】　解读给出条件并整理，$\rho = 1.7 \times 10^{-8} \Omega \cdot m$，$S = 1.5 \times 10^{-6} m^2$，$l = 100m$。

故由电阻定律：$R = \rho \dfrac{l}{S} = 1.7 \times 10^{-8} \times \dfrac{100}{1.5 \times 10^{-6}} \approx 1.1\Omega$。

而家用灯泡的电阻一般为 1kΩ 左右，所以在实际电路分析中不做特别要求时，可以忽略电线的阻值。

三、欧姆定律（伏安特性）

电阻元件在工作状态下，会有电流 I 通过，两端有电压 U，其电压、电流与电阻大小的关系表现出电阻元件的外特性，也称伏安特性，如图 1-42 所示，常简称为 VCR。

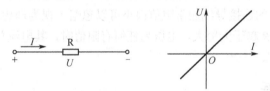

图 1-42　电阻元件的伏安特性

由图 1-42 可见，电阻上的电压和电流的参考方向始终是关联的。电阻的伏安特性表现为一条通过原点的直线，所以电阻是一种线性元件，其斜率就是电阻的大小，即

$$R = \frac{U}{I} \qquad (1\text{-}6)$$

式中，R 的单位是欧姆（Ω）。

欧姆定律是德国物理学家欧姆于 1826 年采用实验的方法得到的。欧姆定律是电路分析中最基本、最重要的定律之一。

线性电阻元件的电流和电压在关联参考方向下，欧姆定律可描述为

$$u = Ri \qquad (1\text{-}7)$$

令 $G = 1/R$，则上式变为

$$i = Gu$$

式中，G 称为电阻元件的电导，表征电流通过的能力，其单位是西［门子］，符号为 S。

如果线性电阻元件的电流和电压的参考方向不关联，则欧姆定律的表达式为

$$u = -Ri \text{ 或 } i = -Gu$$

注意，R、G 的大小与电压和电流无关。

【例9】 利用欧姆定律求阻值。

如图 1-42 所示，如果测得 $U=120V$，$I=8A$，则该电阻大小是多少？

【解】 $R = \dfrac{U}{I} = \dfrac{120}{8} = 15\Omega$。

【例10】 利用欧姆定律求电流。

如例 9 中电阻元件不变，当电压降至 45V 时，流过的电流应该是多少？

【解】 $I = \dfrac{U}{R} = \dfrac{45}{15} = 3A$。

【例11】 利用欧姆定律求电压。

如例 9 中电阻元件不变，当测得通过的电流为 5A 时，其两端电压应该是多少？

【解】 $U = RI = 15 \times 5 = 75V$。

在电阻 R 为 0 或趋于 ∞ 两种理想状态下，由欧姆定律分析其外特性，如图 1-43（b）、（c）所示。

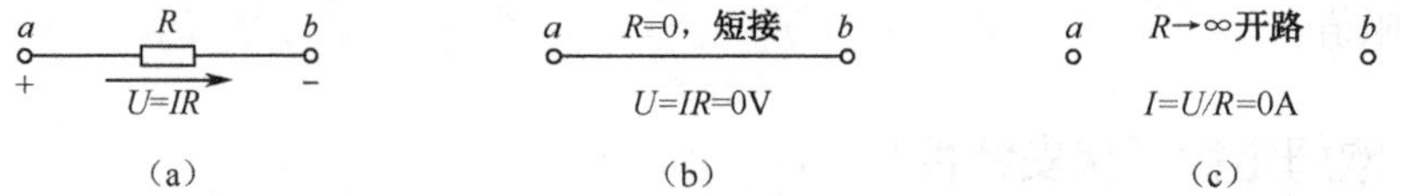

图 1-43　电阻值状态

一种情况是电阻 R 为零，电流为任何有限值时，其电压总是零，这时将其称为"短路"，也称"短接"。电路中的连接导线通常阻值很小可以忽略，视为理想零值状态。

一种情况是电阻 R 趋于无穷大，电压为任何有限值时，其电流总是零，这时将其称为"开路"，也称"断路"。

四、功率和能耗

在电流和电压关联参考方向下，任何瞬时线性电阻元件接收的功率为

$$P = ui = Ri^2 = \frac{u^2}{R} = Gu^2 \geqslant 0 \tag{1-8}$$

可见，电阻功率永远为非负值，电阻吸收功率。表示只要电阻中有电流通过，它就在消耗电能。所以，电阻是反映能量损耗的参数。

以直流电路为例，电阻消耗的电能与各个物理量的关系如下：

$$W = Pt = UIt = RI^2t = \frac{U^2}{R}t$$

【例12】 验证电阻元件的功率永远为非负值。

分析电阻元件上电压和电流参考方向关联和非关联情况下的功率。

【解】 如图 1-44（a）、（b）所示两种情况，分别列出欧姆定律和功率计算公式。再次证明无论哪一种情况，电阻功率总是非负值，电阻元件总是在消耗能量。这可以作为确立电阻元件模型的依据。

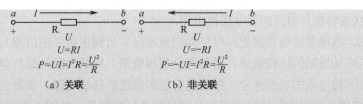

图 1-44　例 12 图

笔记

【例 13】　理解电路系统功率平衡。

如图 1-45 所示，已知 U_S=10V，R_L=20Ω，分别求恒压源功率及电阻功率，并验证电路系统功率是否平衡。

【分析】　由于电路系统能量守恒，所以输出功率与吸收功率代数和一定为零，这就是电路系统功率平衡。

如图 1-45 所示，显然回路电流从恒压源正极出发回到负极；电阻两端电压就是恒压源电压，因此，电阻上电压和电流的参考方向关联，恒压源上电压与电流的参考方向非关联。

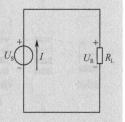

图 1-45　例 13 图

【解】　回路中：U_S=U_R=IR_L，则 I=U_S/R_L=10/20=0.5A。

恒压源功率：P_U=$-U_SI$=$-10×0.5$=$-5W<0$，输出功率。

电阻功率：P_R=U_RI=10×0.5=5W>0，吸收功率。

故 P_U+P_R=$-5+5$=0，该电路系统功率平衡。

【例 14】　电阻能耗的计算。

有一条输电线，总长度 L=100km，单位长度线路电阻 R_0=0.17Ω/km，现在需要计算当这条输电线中通过电流 I=260A 的时候，线路上的电功率 P 和一个月（按 30 天计算）内线路上损耗的电能 W。

【解】　线路总电阻：R=R_0L=0.17×100=17Ω。

电功率：P=I^2R=$260^2×17$=67600×17≈1149kW。

电能损耗：W=Pt=1149×30×24=827280kW·h，即损耗 827280 度电。

五、分类

电阻按不同切入点划分，种类很多，如图 1-46 所示。

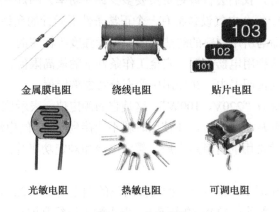

金属膜电阻	绕线电阻	贴片电阻
光敏电阻	热敏电阻	可调电阻

图 1-46　电阻种类

① 按电阻性质来分，伏安特性是线性的，为线性电阻，本书中涉及对象均为线性电

笔记

阻；伏安特性是曲线的为非线性电阻。

② 按电阻值是否固定，可分为固定电阻和可调电阻（电位器）。

③ 按电阻的结构来分，通常有金属膜电阻、绕线电阻及贴片电阻等。

④ 按电阻的功能来分，常见的有能测温度的热敏电阻、能测光信息的光敏电阻等。

普通金属膜电阻的阻值可以从其外部色环来区分，如图 1-47 所示。

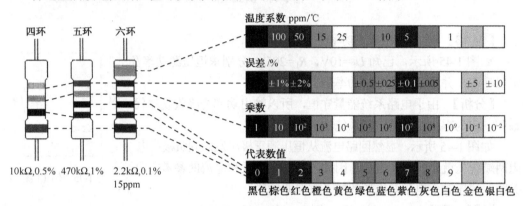

图 1-47　电阻色环对应图

知识链接 3　电气设备的工作状态

一、电气设备的额定值

通常负载（如电灯、电动机等用电设备）都是并联运行的。由于电源的端电压是基本不变的，所以负载两端的电压也是基本不变的。电源带负载运行，总希望整个电路运行正常、安全可靠，然而随着电源所带负载的增加，负载吸收电源的功率增大，电源输出的总功率和总电流就会相应增加。这说明电源输出的功率和电流取决于所带负载的大小。从电路可靠、正常运行角度来讲，电气设备也不是在任何电压、电流下均可正常工作的，要受绝缘强度和耐热性能等自身因素影响。那么有没有一个最合适的数值呢？要回答这个问题，必须了解电气设备的额定值的意义。

到商店去买白炽灯，我们会告诉售货员要多少瓦（功率）的灯，是照明用的还是其他场合用的（电压等级）。每个电气设备都有一个正常条件下运行的允许值，是由电气设备生产厂家根据其使用寿命与所用材料的耐热性能、绝缘强度等标注的，这就是该设备的额定值。电气设备的额定值指用电器长期、安全工作条件下的最高限值，一般在出厂时标定，常标注在铭牌上或写在说明书中，在使用中要充分考虑额定值。

如一只白炽灯，标有"220V、100W"，这是它的额定值，表示这只白炽灯的额定电压 U_N 是 220V、额定功率 P_N 是 100W，在使用时就不能接到 380V 的电源上。

电气设备的额定值常用的有额定电压、额定电流和额定功率等，分别用 U_N、I_N 和 P_N 表示。

不能将额定值与实际工作值等同，如前面所说的额定电压为 220V、额定功率为 100W 的白炽灯，在使用时，接到了 220V 的电源上，但电源电压经常波动，稍高于或低于 220V，这样白炽灯的实际功率就不会等于其额定值 100W 了。所以，在使用电气设备时，电压、电流和功率的实际工作值不一定等于其额定值。额定功率反映了设备转换能量的能力。例如额定值为"220V、1000W"的电动机,指该电动机运行在 220V 电压下时,1s 内可将 1000J 的电能转换成机械能和热能;额定值为"220V、40W"的白炽灯,表明该灯在 220V 电压下工作时,1s 内可将 40J 的电能转换成光能和热能。

笔记

二、电气设备的工作状态

电气设备工作电压等于额定值,称为额定(满载)状态。在此工作状态下设备的安全性、可靠性及寿命周期都是最佳的。

电气设备工作电压小于额定值,称为欠压(欠载)状态。此时设备的工作效率低下。

电气设备工作电压高于额定值,称为过压(过载)状态。在此工作状态下设备极易出现故障或被烧毁,是需要严格控制的。

下面通过例题来进一步分析电气设备的工作状态。

【例15】 由铭牌参数计算元件阻值。

一个电水壶铭牌标注为"220V、1800W",其加热丝阻值为多少?

【解】 $R=U_N^2/P_N=220^2/1800\approx27\Omega$。

【例16】 深入分析额定参数对设备工作状态的影响。

一只标有"220V、40W"的白炽灯,试求它在额定状态下的阻值和通过白炽灯的电流。

【解】 $I_N=P_N/U_N=40/220\approx0.1818A$,$R=U_N/I_N=220/0.1818\approx1210\Omega$ 或 $R=U_N^2/P_N=1210\Omega$,此时白炽灯工作在满载状态。

【分析】

(1)假设将该白炽灯移到美国,工作电压只有 110V,分析其工作状况。

【解】 由于白炽灯本身阻值没有改变,因此,在实际电压 U=110V 时,$P=U^2/R=10W<P_N$。工作在欠载状态,其光能、热能转换效率只有满载状态的 1/4,失去有效照明功能。所以,要配备一个电压转换器才能正常工作。

(2)假设该白炽灯工作电压为 300V,其工作状态又是怎样的呢?

【解】 由于其阻值不变,故 $I=U/R\approx0.25A$,超过原设计额定电流(0.1818A)37.5%,工作在过载状态。白炽灯可能瞬间被烧毁,即使不被烧毁,长期工作在此状态下其使用寿命必然不长。所以,过载是电路发生事故的根源,通常配备一个限流电阻,就可以很好地控制其工作电流。

(3)实际选择电气设备时,不仅要参考铭牌上的额定值,还要进行能量转换效率的考量。例如,一个白炽灯 90%的能量以热能形式浪费了,其过热的外壁还极其不安全,而日光灯就更节能。比如,40W 的日光灯产生的光能是白炽灯的 6 倍。而电水壶,利用的就是电阻的热效应,所以转换效率就很高。同样,电动机将电能转换为机械能的效率可达 90%。

【头脑风暴】

1. 下面是某同学对欧姆定律的理解:$R=\dfrac{U}{I}$,所以 R 与 U 成正比,可以理解为减小电压,电阻值随之减小;同时 R 与 I 成反比,可以理解为流过电流减小,电阻值随之增加。

请大家讨论:这种理解对吗?到底电阻值由什么决定?与电压、电流是什么关系?

2. 比较例 8 与例 14，为什么例 8 中电线的阻值可以忽略，例 14 中不仅不能忽略电线阻值其还相当耗电？说明影响阻值大小的因素，讨论减少传输线能耗的方法。

3. 查阅通常家用导线的规格以及冰箱、空调等大功率用电器所用导线的规格。

4. 下载一个色环电阻查阅 App，熟悉读数规则。

5. 白炽灯长时间使用后其亮度明显降低，原因是什么？

知识链接 4　电路的工作状态

观察手电筒的工作状态，可以看到：打开开关，灯亮；关上开关，灯灭；灯突然熄灭，开关失去控制作用。这对应的就是电路的三种工作状态。

一、通路（有载）

这是电路的正常工作状态。电路中开关处于闭合状态（如图 1-48 中处于位置 1），如图 1-49（a）所示。特征是电路导通，负载有端电压，其中有电流流过。

二、断路（开路/空载）

电路此时处于不工作状态。连接电源和负载的开关处于断开状态（如图 1-48 中处于位置 2），如图 1-49（b）所示。特征是负载中无电流流过，电源能量没有输出，负载也没有得到电能。

三、短路

短路指电源两端被导线直接连接（如图 1-48 中处于位置 3），如图 1-49 所示。特征是电源输出电流没有经过负载，直接流过短路线。此时流过电源的电流为最大值，通常超过电源或者电气设备、导线的允许值，导致烧毁电源或者导线，电路失控无法工作。

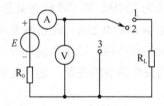

图 1-48　电路三态实验设计电路

课堂随测–电路元件

扫码看答案

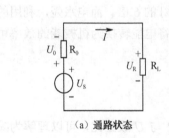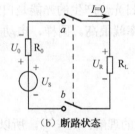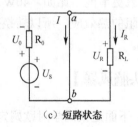

（a）通路状态　　　　　（b）断路状态　　　　　（c）短路状态

图 1-49　电路三态特征电路

项目总结与实施

笔记

一、理论阐述

1. 手电筒电路的描述

手电筒照明系统就是供电设备（干电池）和用电设备（灯泡）为实现照明功能而组成的集合——电系统。

手电筒能照明是因为将化学能转换为了电能，灯泡在消耗电能的过程中将其转化为光能而亮起来。

手电筒电路组成：电源（电池），负载（灯泡），连接导线（铁壳），开关（手动按键），如图1-50（b）所示。

手电筒电路图：将各个组件的模型连接起来形成的电路模型，如图1-50（c）所示。

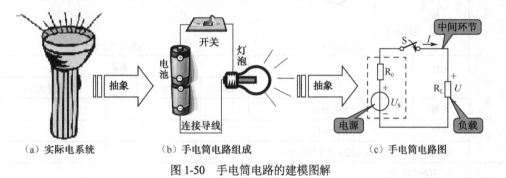

（a）实际电系统　　　　　（b）手电筒电路组成　　　　　（c）手电筒电路图

图1-50　手电筒电路的建模图解

需要说明的是，电源由一个理想电压源和一个电阻组成。这是因为电池都有自身消耗的情况，而电阻就是描述电能消耗的模型，只是这个电阻并不是单独存在的分立元件，是电池的内部特征，因此 R_0 称为电源内阻。

2. 量化分析手电筒电路工作状态

（1）元件参数设置

① 电源参数：电源为3节1号电池，每节电池参数为1.5V/256mΩ，即额定电压为1.5V，内阻为0.256Ω。故电源电压 U_S=3×1.5=4.5V，内阻 R_0=3×0.256≈0.77Ω。

② 负载参数：负载灯泡参数为3.8V/0.3A，即额定电压为3.8V，额定电流为0.3A，故负载电阻 R_L=3.8/0.3≈12.7Ω。

导线、开关的电阻可忽略不计。

（2）工作状态量化分析

分析手电筒电路在不同工作状态下的电压、电流、功率等物理量。

① 空载（开路）：开关S断开，灯泡不亮，此时电路中电流 I=0，负载功率 P_R=0；电源输出端口电压=U_S=4.5V。

② 有载（通路）：开关S合上，灯泡正常发光，此时电路中电流 $I=U_S/(R_L+R_0)$=4.5/(12.7+0.77)≈0.334A。

电源输出端口电压=灯泡负载电压=IR_L≈4.24V，负载功率 $P_R=R_LI^2$≈1.4W，内阻功率 $P_0=R_0I^2$≈0.1W，理想电压源输出功率 $P_S=-U_SI$≈-1.5W。

显然，电路系统功率平衡，输出功率+吸收功率=0。

笔记

【说明】以上计算的是电池处于全新状态时的参数。实际上随着电池使用时间的增长，其内阻会逐渐变大，因此内耗加大，灯泡亮度降低。

③ 短路：开关 S 合上瞬间灯泡亮，然后突然熄灭（负载端出现短路故障导致）。

此时 $I=U_S/R_0=4.5/0.77≈5.84A$，而 1 号电池短时间内可通过最大电流为 1.5～2A，此时电池必然被烧毁，导致电路故障。

二、实操任务书

名称	手电筒照明电路的设计、安装、测试				
元器件	1.5V 1 号电池若干；3.8V/0.3A 小灯泡若干；开关 1 个；导线若干；去除绝缘层漆包线 1 根；电压表 1 个；电流表 1 个				
电路图	 实物连线图　　　　　　　　　　　电路模型及测量图				
实操记录	电路状态	操作	测量		
			电流 I	灯泡电压 U_R	电池端电压 U_i
	断路	开关断开			
	通路	开关闭合			
	短路	用漆包线短接在灯泡两端			
计算及思考	1. 灯泡电阻 R=？ 2. 怎么验证欧姆定律？ 3. 短路时电流为多少？为什么不能用电流表测量短路电流？此时会出现什么现象？ 4. 断路时，会出现什么现象？ 5. 通路时，会出现什么现象？ 6. 结合现有知识，你还想做哪些研讨？如何创新设计实验电路？如何验证结果				
反思及评价	1. 描述以上计算过程。 2. 总结电路的三态特征。 3. 实际电压源与理想电压源的差异有哪些？ 4. 初次使用电压表、电流表的体会有哪些？ 5. 团队如何分工？ 6. 应用工科思维的体会有哪些？ 7. 进行创新设计的体会有哪些？ 8. 将实操中遇到的故障或者突发事件进行记录与处理。 9. 自我评价：从个人专业素养、人文素养、团队合作等方面予以客观评价，作为自我进阶的动力				

三、建立实际系统（项目）导向学习的意义

学习实际系统（手电筒电路）的意义在于构建进行理论研究的一般性思路。

（1）实际系统的剖析（项目描述）。

（2）引出相关问题（问题导向）。

（3）寻求每一个问题的理论支撑（知识链接）。

（4）建立实际系统对应的理论模型（理论阐述）。

（5）应用理论知识分析实际系统的工作过程（量化分析）。

（6）在实操中去构建实际系统并验证理论知识（实操任务书）。

（7）总结。

四、学习电路理论的意义

通过对手电筒电路进行学习，我们可以了解到学习电路理论的意义。

1. 具体地说，学会分析实际电路

通过前面介绍可引出研究对象：电系统中各个电气设备（元件）的自身特性及其相互连接产生的结构性特征，研究其中电压、电流等信号和能量的传输规律。

如图 1-51 所示，这里有 5 个电气元件。观察后，我们能提出哪些问题呢？

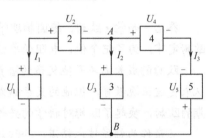

① 单个元件具有什么特征？

② 元件 1 和元件 2 之间是什么连接关系？与元件 3、元件 4、元件 5 之间又是什么连接关系？

③ 系统中电流、电压是怎么传输、分配的？

④ 能量是怎样转换的？

⑤ 如果某个元件的参数发生改变或出现故障，会对其他元件产生怎样的影响？

图 1-51　电系统研究对象

这些都是电路基础理论研究的范畴，学完本书就能对以上问题做出分析和解释。

2. 抽象地说，培养工科思维

简单来说，任何理论研究都是为了解决实际问题，这就是工科思维。

① 抽象思维。

图 1-51 中，如果元件 1 为电炉、元件 3 为电水壶，为不同的用电器，但在电路理论研究中却认为是相同的电路模型即"电阻"。这是为什么呢？这里就需要应用抽象思维，抓住事物的主因，忽略次因，才能顺利解决问题。

② 科学实验。

例如，迈克尔·法拉第，世界著名的物理学家、化学家、发明家，发电机和电动机的发明者，电磁感应定律的发现者。这样的成就从何而来？来自于大量的科学实验！所以"电路"也是一门实验性课程。

③ 逻辑思维。

如图 1-52 所示为直流稳压电源，图 1-52（a）所示为电路图，图 1-52（b）所示为原理框图。显然图 1-52（b）以简洁的符号表达出复杂的问题，且逻辑清晰、关系明了。

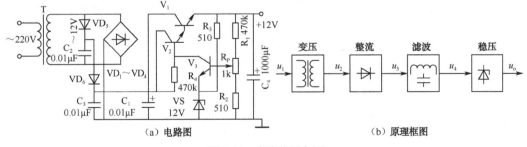

（a）电路图　　　　　　　　　　　　　　　　　　（b）原理框图

图 1-52　直流稳压电源

笔记

以上说到的抽象思维、科学实验、逻辑思维，都是工科思维的重要特征，而这样的思维模式一旦建立，将成为可持续学习的基础，而这种思维方式需要有意识地训练、培养。

【头脑风暴】

1. 你了解自己的思维习惯吗？能清晰了解自己需要培养、训练哪方面的能力吗？
2. 结合上述内容，聊聊你对"授之以渔"中"渔"和"授人以鱼"中"鱼"的理解。

 ## 科学家的故事

欧姆的故事：家风的传承

乔治·西蒙·欧姆，德国物理学家。1826年，欧姆发现了电学上的一个重要定律——欧姆定律。为了纪念他，电阻的单位定为"欧姆"，以他的姓氏命名。

欧姆的成长离不开他父亲的培养。欧姆的父亲是一位锁匠，母亲是裁缝师之女，父母从未受过正规教育，但他的父亲热爱科学，自学了数学和物理方面的知识，并教给少年时期的欧姆，唤起了欧姆对科学的兴趣。

父亲作为锁匠技术精湛，给欧姆以技术启蒙，使欧姆养成了勤于动手的好习惯。欧姆心灵手巧，木工、车工、钳工，做什么都像样。从1820年起，欧姆开始研究电磁学，研究工作是在十分困难的条件下进行的，他不仅要忙于教学工作，图书资料和仪器也很缺乏，只能利用业余时间，自己动手设计和制造仪器来进行有关的实验。在电流随电压变化的实验中，欧姆巧妙地利用了电流的磁效应，自己动手制作了电流扭力秤，用它来测量电流强度，才取得了较精确的结果。

欧姆定律的发现过程不仅受到客观条件的限制，还有对欧姆精神意志的考验。在那个年代，人们对电流强度、电压、电阻等概念还不太清楚，特别是电阻的概念还没有，更谈不上对电阻值进行精确测量了；欧姆在研究过程中，也几乎没有机会跟他那个时代的物理学家们进行接触，他的这一发现是独立进行的。欧姆最初进行的实验主要是研究各种不同金属丝导电性的强弱，用各种不同的导体来观察磁针的偏转角度。后来在改变电路电动势的实验中，他发现了电动势与电阻之间的依存关系，这就是欧姆定律。他在1826年公布这一研究成果时，并没有引起科学家们的重视，许多物理学家不能正确理解和评价这一发现。直到1841年英国皇家学会授予他科普利奖章，才被德国科学界所重视。

科学研究从来都不是为了追逐荣誉和光环，而是源于对科学本身的热爱和信念。

欧姆的父亲用一生影响着欧姆，指引着欧姆前行，在欧姆的成长道路上发挥着不可替代的作用。这种家风的传承，正是新时代的人们更需注重的精神传承。

难点解析及习题

对本课题中的重、难点知识进行解析，并以例题、练习对应的方式进行学习指导和测试。

1．参考方向

【指导】 电压或电流值为正，意味着真实方向与参考方向一致，否则反之。而关联性是指电压与电流参考方向之间的一致性，与真实方向无关。

【例17】 如图 1-53 所示，根据给出的 5 种情况分别判定元件的电压、电流方向。

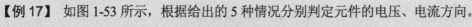

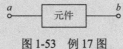

图 1-53 例 17 图

【解】

条　件	真 实 方 向	关 联 性
（1）U=20V、I=2A	因为没有设定参考方向，因此无法判定，数值也没有意义	
（2）U_{ab}=20V、I_{ab}=2A	电压方向为 a 指向 b、电流方向为 a 流向 b	是
（3）U_{ba}=20V、I_{ab}=-2A	电压方向为 b 指向 a、电流方向为 b 流向 a	非
（4）U_{ab}=20V、I_{ab}=2A		
（5）U_{ab}=-20V、I_{ba}=2A		

【练习1】 将条件（4）、（5）的答案直接填写在表中。

2．功率

（1）元件上功率的计算

【指导】 功率求解思路流程图如图 1-54 所示。

图 1-54 功率求解思路流程图

【例18】 补充图 1-55 中其他参数。

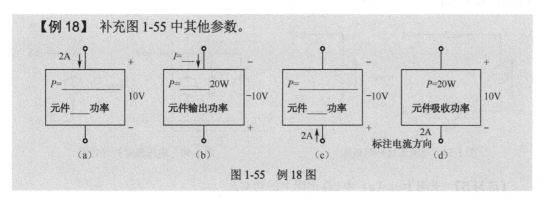

图 1-55 例 18 图

【解】 图 1-55（b）中，因为元件输出功率，故 $P<0$，$P=-20W$，又因为电压与电流参考方向非关联，故 $P=-IU=-I\times(-10)=-20W$，故 $I=-2A$。

【练习2】 将图 1-55（a）、（c）、（d）的答案直接填写在图中。

（2）一段支路功率的计算

【例19】 求图 1-56（a）中 P_{ab}。

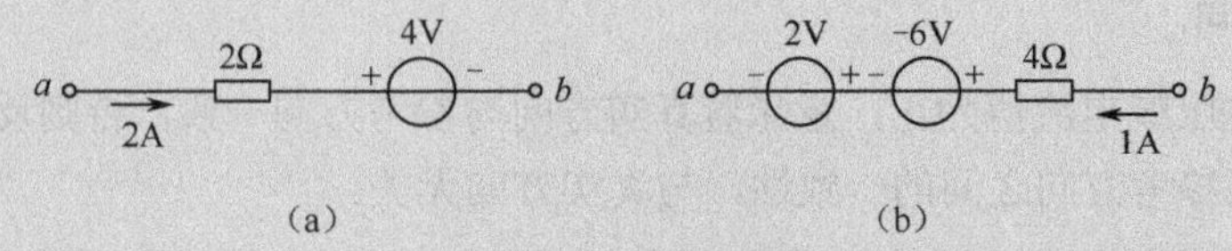

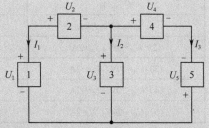

图 1-56 例 19 图

【解】 $P_{ab}=U_{ab}I_{ab}=2^2\times2+2\times4=16W$。

【练习3】 求解图 1-56（b）中功率 P_{ab}。

（3）功率平衡

【例20】 图 1-57 中，方框代表电源或电阻，各电压、电流的参考方向均已设定。已知 $I_1=2A$，$I_2=1A$，$I_3=-3A$，$U_1=7V$，$U_2=3V$，$U_3=4V$，$U_4=8V$，$U_5=4V$。验证电路功率是否平衡。

【解】 元件 1、3、4 的电压、电流参考方向关联，则

$P_1=U_1I_1=7\times2=14W$（吸收功率），$P_3=U_3I_2=4\times1=4W$（吸收功率），$P_4=U_4I_3=8\times(-3)=-24W$（输出功率）

元件 2、5 的电压、电流参考方向非关联，则

$P_2=-U_2I_1=-3\times2=-6W$（输出功率），$P_5=-U_5I_3=-4\times(-3)=12W$（吸收功率）

故 $\sum P=P_1+P_2+P_3+P_4+P_5=14-6+4-24+12=0$，因此该电路满足功率平衡。

图 1-57 例 20 图

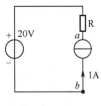

图 1-58 练习 4 图

【练习4】 图 1-58 中，已知 $U_{ab}=50V$，求 R 的值。

3.理想电源对外电路的等效

【指导】 独立电流源与其他元件串联时，对外电路等效为此电流源；独立电压源与其他元件并联时，对外电路等效为此电压源，如图 1-59、图 1-60 所示。

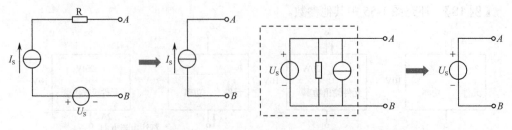

图 1-59 电流源对外等效图   图 1-60 电压源对外等效图

【练习5】 求图 1-61（a）中 2Ω 电阻上的功率。

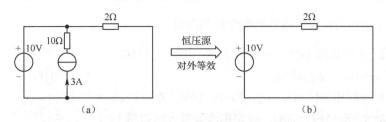

图 1-61　练习 5 图

4. 电阻元件

（1）单一元件欧姆定律

【例 21】　求图 1-62 中 U_{ad}、U_{bd}、U_{dc} 的值。

【解】　图中三个电阻值和流过的电流均已知，应用欧姆定律即可求解电压。但要注意所求电压参考方向（即下标）与电流参考方向的关联性。

$U_{ad}=5I_1=5\times2=10V$（关联）

$U_{bd}=-5I_2=-5\times(-1)=5V$（非关联）

$U_{dc}=-5I_3=-5\times(-3)=15V$（非关联）

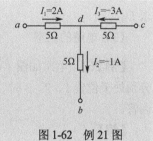

图 1-62　例 21 图

难点解析（元件）

【练习 6】　求图 1-63 中未知量。

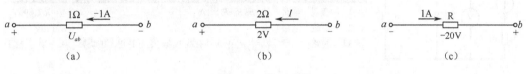

图 1-63　练习 6 图

（2）额定值的计算

【例 22】　有一只额定值为 5W、500Ω 的绕线电阻，求其额定电流 I_N 和额定电压 U_N。

【解】　已知 $P_N=5W$，$R=500Ω$，故 $U_N=\sqrt{P_N R}=50V$，$I_N=\sqrt{P_N/R}=0.1A$。

【练习 7】　求一只标有"220V、40W"的白炽灯的电阻及额定电流，如果其工作电压只有 110V，其功率是多少？

5. 电阻单回路分析

（1）单电压源回路欧姆定律的应用

【例 23】　图 1-64（a）中，$U_S=10V$，$R_0=1Ω$，$R_L=9Ω$，求回路电流及各个电阻电压。

【解】　标注回路电流参考方向如图 1-64 所示，故 $I=U_S/(R_0+R_L)=10/(1+9)=1A$。

因为电阻电压和电流参考方向关联，故 $U_0=IR_0=1V$，$U_R=IR_L=9V$。

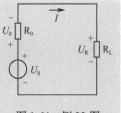

图 1-64　例 23 图

【练习 8】　图 1-64 中，如果设定电流参考方向为逆时针，负载电阻电压 U_R 参考方向设为上负下正，其他均不变，再求回路电流及各个电阻电压。

（2）多个电压源串联单回路欧姆定律的应用

【例24】　电路如图 1-65 所示，已知 $R_1=5\Omega$，$R_2=15\Omega$，$U_{S1}=20V$，$U_{S2}=10V$，求回路电流。

【解】　电压的和 $\Sigma U_S=U_{S1}-U_{S2}=20-10=10V$（方向同 U_{S1}），电阻的和 $\Sigma R=R_1+R_2=5+15=20\Omega$，设定电流参考方向如图 1-65 所示，则 $I=-\Sigma U_S/(R_1+R_2)=-10/(5+15)=-0.5A$。

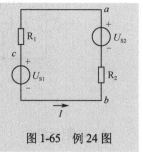

图 1-65　例 24 图

【练习9】　图 1-65 中，如果测得回路电流 I 为 1A，已知 $R_1=5\Omega$，$R_2=10\Omega$，$U_{S1}=30V$，求 U_{S2}。

（3）电路的三态

【例25】　电路如图 1-66 所示，已知 $E=100V$，$R_0=10\Omega$，负载电阻 $R_L=90\Omega$，说明开关分别处于位置 1、2、3 时，电路的工作状态及电压表和电流表的读数。请尝试用表格形式回答。

【解】

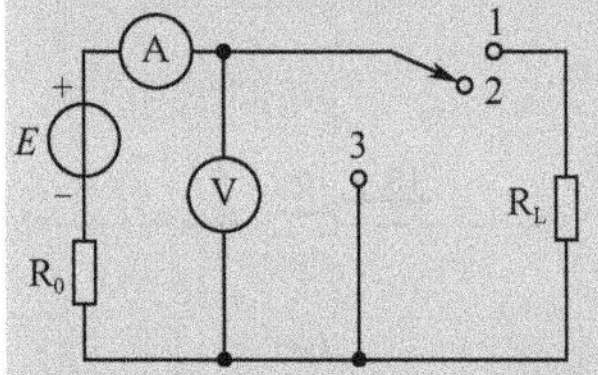

开关	状态	电流表读数	电压表读数
1	有载（通路）	$I_A=E/(R_0+R_L)=1A$	$U_A=R_LI_A=90V$
2	空载（断路）	0	$E=100V$
3	短路	$I_A=E/R_0=10A\gg$有载电流，会导致电源被烧毁	0

图 1-66　例 25 图

【练习10】　如果图 1-66 中电路，在开关处于位置 1 时电流表读数为 2A，电压表读数为 100V，在开关处于位置 2 时电压表读数为 150V，请问内阻和负载各是多少？在开关处于位置 3 时电流表读数是多少？

课题二 直流电路的分析

 项目导入：指针式万用表电路

 项目描述

指针式万用表电路在电路分析中有着重要的作用。作为电信号的测量设备，万用表必不可少，实际工作中一般采用数字式万用表，但指针式万用表在电路教学中的作用也不可替代。因为电路课程是电学系统课程的起点，是在分立元件基础上对电路进行的分析，这种形式的产品很少，而指针式万用表是其中最具价值的产品之一。对其电路结构的描述基本能覆盖电路分析的基本原理和方法，所以通常会将其作为电路课程中典型的实训内容。在此项目的驱动下，需要深入学习电路分析的基本方法，包括基尔霍夫定律、电路网络等效（电阻串并联、实际电源等效）及电位分析法、支路电流法、弥尔曼定理、叠加定理、戴维南定理、最大功率传输定理等，学以致用，量化分析万用表实际电路。

 问题导入

任务一 描述复杂电路的结构及一般分析法

对电路的研究是建立在电路模型基础上的，而电路模型包含电路元件自身和元件之间的连接方式，研究的是电压、电流信号在元件上的约束规律（即元件伏安特性）以及在元件之间传递的规律（即基尔霍夫定律），如图 2-1 所示。

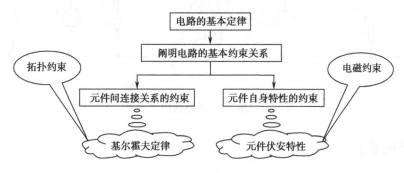

图 2-1 电路基本定律的解读

基尔霍夫定律揭示了电路结构的约束关系。一方面是以节点为对象描述电流之间约束关系的基尔霍夫电流定律，另一方面是以回路为对象描述电压之间约束关系的基尔霍夫电压定律。所以，首先要了解电路的构架关系。

笔记

知识链接1　描述电路结构的专业术语

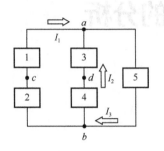

图2-2　电路的支路、节点与回路

任何一个电路都包含若干节点、支路、回路，如图2-2所示。

一、支路

支路就是指两个节点之间的路径。其特点是支路中各个二端元件首尾相接中间无分岔地连接，流过的电流处处相等。图2-2中，支路数$m=3$，支路为acb、adb和ab。

二、节点

节点就是指三条或三条以上支路的汇集点。独立节点数=节点数（n）-1。

图2-2中，节点数$n=2$，即a、b两点。c、d不是节点仅仅是元器件连接点，其独立节点数为$n-1=1$。

三、回路

回路就是指电路中的任意闭合路径，由若干条支路组成。

图2-2中，回路数$l=3$，回路为$abca$、$adba$、$acbda$。

网孔：内部不包含支路的回路。网孔数=独立回路数=$m-(n-1)$。图2-2中，网孔数=2，网孔为$acbda$、$adba$。

显然，描述电路的结构与具体元件无关，也称为电路的图。

如图2-3（a）、（b）所示电路和图2-2所示电路，结构都是2个节点、3条支路，它们拥有共同的电路的图，如图2-3（c）所示。

正确地描述电路结构，就可以从纷繁复杂的具体电路中寻找出其内在的共性和规律。

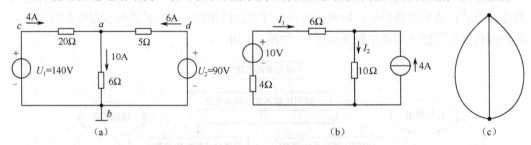

图2-3　电路结构

【头脑风暴】

1. 比较节点和端点的含义有何不同。

2. 怎样理解独立节点和网孔的意义。

知识链接2 基尔霍夫电流定律

电路有节点就有与之连接的支路，而各个支路电流在该节点处的相互约束规律是什么呢？这就是基尔霍夫第一定律（电流定律）的内容。

一、基尔霍夫电流定律（KCL）的描述

任何时刻，流出（或流入）同一个节点的所有支路电流的代数和恒等于零，这就是基尔霍夫电流定律，简写为 KCL。

二、KCL 方程的建立

KCL 方程的列写形式有两种。第一种列写形式为

$$\Sigma I_j = 0 \tag{2-1}$$

式中，I_j 为连接于该节点的各条支路电流，$j=1，2，\cdots，n$（设有 n 条支路汇集于该节点）。

书写前必须标注各条支路电流的参考方向，且式中电流的正负号通常规定：参考方向指向节点的取正号，背离节点的取负号。

如图 2-4 所示电路中，流经节点 a 的电流可以表达为

$$I_1 - I_2 + I_3 - I_4 + I_5 = 0$$

第二种列写形式为

$$\Sigma I_{入} = \Sigma I_{出} \tag{2-2}$$

基尔霍夫定律

描述：任何时刻流入某节点的各支路电流之和等于流出该节点的各支路电流之和。

图 2-4 中，流经节点 a 的电流还可以表达为

$$I_1 + I_3 + I_5 = I_2 + I_4$$

那么一个电路中独立 KCL 方程数是多少呢？

图 2-2 中有 2 个节点，对应的 KCL 方程分别为

节点 a：$I_1 + I_2 - I_3 = 0$

节点 b：$-I_1 - I_2 + I_3 = 0$

显然，从数理方程来看，有效（独立）方程只有一个。即有结论：独立 KCL 方程数＝独立节点数＝节点数-1。

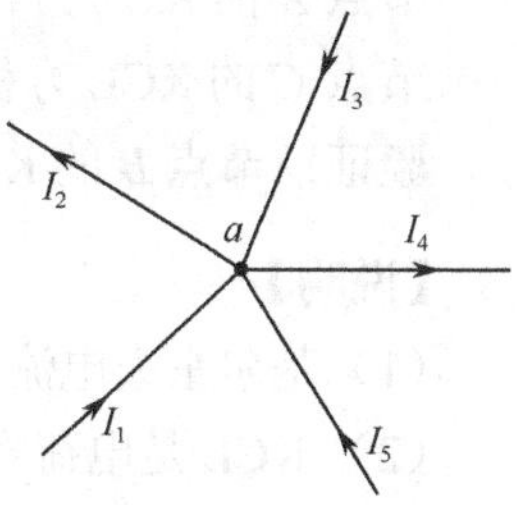

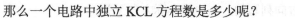

图 2-4 节点 KCL 定律

【例1】 熟练应用 KCL。

图 2-4 中，已知 $I_1=2A$，$I_2=-12A$，$I_3=-2A$，$I_4=8A$，求 I_5。

【解】 由 $I_1+I_3+I_5=I_2+I_4$，可得 $I_5=I_2+I_4-I_1-I_3=-12+8-2-(-2)=-4A$。

可见 I_5 实际方向为流出节点 a。

三、广义节点的 KCL

基尔霍夫电流定律也可推广应用于包围几个节点的闭合面，也称为广义节点。如图 2-5 所示电路中，将闭合面 S 看成一个节点，则三个流入该节点的电流 I_A、I_B 和 I_C 之和为

$$\Sigma I = 0 \quad 即 \quad I_A + I_B + I_C = 0 \tag{2-3}$$

可见：闭合面内电流与节点电流方程的列写没有关系。

笔记

在任一时刻，通过任何一个闭合面的电流代数和也恒为零，它表示流入闭合面的电流和流出闭合面的电流是相等的。

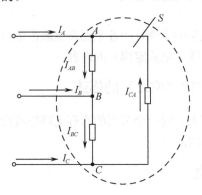

图 2-5　广义节点的 KCL

【例2】 熟悉广义节点的 KCL 的应用。

图 2-5 中，I_A=6A，I_B=-8A，I_{CA}=5A，求其他电流。

【解】 广义节点的 KCL 方程为 $I_A+I_B+I_C=0$，故 $I_C=-I_A-I_B=-6-(-8)=2A$。

节点 A 的 KCL 方程为 $I_{AB}=I_A+I_{CA}=6+5=11A$。

节点 C 的 KCL 方程为 $I_{CA}=I_{BC}+I_C$，故 $I_{BC}=I_{CA}-I_C=5-2=3A$。

验证：节点 B 的 KCL 方程为 $I_{BC}=I_{AB}+I_B$，代入参数得 $I_{BC}=11-8=3A$，结果正确。

【说明】

（1）基尔霍夫电流定律适用于所有电路。

（2）KCL 是电荷守恒和电流连续性原理在电路中任意节点处的反映。

（3）KCL 是对节点处支路电流的约束，与支路上接的是什么元件无关，与电路是线性的还是非线性的无关。

（4）KCL 方程是按电流参考方向列写的，与电流实际方向无关。

（5）电路中有 n 个节点，那么独立 KCL 方程数=n-1。

【头脑风暴】

1．比较 KCL 方程的两种列写形式，说说你习惯用哪一种？

2．你能推导出图 2-5 中广义节点公式吗？

3．你听说过"高斯定理"吗？请查阅了解一下。

知识链接3　基尔霍夫电压定律

电路中两点间有电压，而一条回路上可能有很多电压，它们之间的分配关系是什么样的呢？这就是基尔霍夫第二定律（电压定律）的内容。

一、基尔霍夫电压定律（KVL）的描述

任何时刻，沿着任一个回路绕行一周，所有支路电压的代数和恒等于零，这就是基尔霍夫电压定律，简写为 KVL。

二、KVL 方程的建立

KVL 方程也有两种列写形式。

1. 回路电压方程

$$\Sigma U_j = 0 \qquad\qquad (2\text{-}4)$$

式中，U_j 为回路中第 j 个电压，j=1，2，…，m（设回路中有 m 个电压）。

回路电压方程列写步骤：

① 合理选取列写对象：某一回路。

② 回路上每个元件的电压参考方向必须标注清楚。

③ 任意选取回路的绕行方向，有且只有两种可能：顺时针、逆时针。

④ 任意选择一个起点开始沿绕行方向列写方程，直至回到该起点。如图 2-6 中选取 a 点为起点，a 点也是回路的终点。

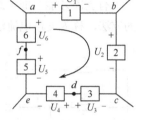

图 2-6　回路 KVL 定律

⑤ 列写过程中元件电压的正负号的确定：当绕行方向与元件自身电压降的参考方向一致时为正号，反之为负号。

以图 2-6 所示回路为例，各元件的电压关系用数学表达式表示为 $U_{ab}+U_{bc}+U_{cd}+U_{de}+U_{ef}+U_{fa}=0$，代入元件电压得到 $U_1+U_2-U_3+U_4-U_5-U_6=0$。

2. 两点电压方程

两点电压即两点间所有电压的代数和，即

$$U_{ab}=\Sigma U$$

下面以图 2-6 为例，推出 U_{ab} 的表达式。如标注绕行方向为顺时针，回路 $abcdefa$ 的 KVL 方程为 $\Sigma U_j=0$，即 $U_{ab}+U_{bc}+U_{cd}+U_{de}+U_{ef}+U_{fa}=0$，$U_1+U_2-U_3+U_4-U_5-U_6=0$。故 $U_{ab}=U_1=-U_{bc}-U_{cd}-U_{de}-U_{ef}-U_{fa}=-U_2+U_3-U_4+U_5+U_6$。

因此可以推出两点间电压的一般性列写规则，以 a、b 两点间电压 U_{ab} 为例：

① 合理选择一条 a 到 b 的路径，列写的方向即以 a 为起点，b 为终点。

② 元件电压降方向与 a 到 b 的方向一致为正值，相反为负值。

③ U_{ab} 的大小与路径选择无关，只与 a、b 两点有关。即如果 a、b 之间的路径有 n 条，其电压就有 n 种描述，但结果一样。

【例3】　熟练应用 KVL。

图 2-6 中，已知 U_1=10V、U_3=-5V、U_4=-8V、U_5=-10V、U_6=30V，求 U_2=？

【解】　回路 KVL 方程为 $U_1+U_2-U_3+U_4-U_5-U_6=0$。

故 $U_2=-U_1+U_3-U_4+U_5+U_6=-10+(-5)-(-8)+(-10)+30=13V$。

【说明】

（1）基尔霍夫电压定律适用于所有电路。

（2）KVL 是势能守恒的反映。

（3）KVL 是对回路上电压的约束，与回路上接的是什么元件无关，与电路是线性的还是非线性的无关。

（4）KVL 方程是按电压参考方向列写的，与电压实际方向无关。

（5）独立 KVL 方程数=网孔数。

笔记

电路定理

电路基础理论的三大基石：欧姆定律、KVL 和 KCL，它们可以解决电路中的大部分问题，因此熟练应用它们计算、分析电路是必需的技能。

知识链接 4 支路电流法

一、确定研究对象——支路电流

有支路才能组成电路的网络，以支路电流为未知量，根据基尔霍夫定律列写电路方程的方法，称为支路电流法。

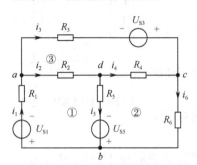

图 2-7 支路电流法例图

如图 2-7 所示，有几条支路，就有几个支路电流，就需要列写对应的方程组。

二、支路电流方程的建立

1. 原理

以支路电流为未知量，进行 KCL 和 KVL 方程的列写。

2. 方程数的确立

假设电路有 n 个节点，m 条支路，则 m 个支路电流为未知量，可列写 m 个方程。独立 KCL 方程数=n-1，独立 KVL 方程数=$m-(n-1)$=网孔数。

3. 步骤

首先在图中标注所有支路电流和元件电压的参考方向，再选取网孔和节点，对应列写 KCL 和 KVL 方程。其中电阻元件电压以欧姆定律表述。

【例4】 了解支路电流法的一般计算步骤。

如图 2-7 中其他参数已知，以支路电流为未知量，列写支路电流方程组。

【解】 6 条支路，即 6 个未知支路电流，需要列写 6 个独立方程。

（1）独立节点数=4-1=3=独立 KCL 方程数，选取 3 个节点列写 KCL 方程如下：

节点 a：$i_1=i_2+i_3$

节点 c：$i_6=i_4+i_3$

节点 d：$i_2=i_4+i_5$

（2）网孔数=3=独立 KVL 方程数，首先选择网孔均按顺时针绕行，其 KVL 方程如下：

网孔①：$R_2i_2+R_5i_5-U_{S5}+U_{S1}+R_1i_1=0$

网络②：$R_4i_4+R_6i_6+U_{S5}-R_5i_5=0$

网孔③：$R_3i_3-U_{S3}-R_4i_4-R_2i_2=0$

【说明】

（1）支路电流法适用于所有电路。

（2）支路电流法就是基尔霍夫定律的应用，因此原则上可以解决大部分问题。

（3）求支路电流的意义在于，当支路电流已知时，就可以应用欧姆定律及 KVL 求其他电压。

（4）解方程并非易事，故对于一般电路的求解，支路电流法实际应用较少。

知识链接5　电位分析法

笔记

电位分析法

一、电位的引入

势能是产生电压的根本原因，只要势能差存在电压就客观存在，而引入电位概念就是为了标注电压，可以说电位就是电压两端的电势坐标。

二、零电位点

一个电路就相当于一个电位坐标系，只允许设定一个零电位点（简称零点），零电位点可以任意设定，但实际电路中的零电位点往往按习惯设定。

（1）在工程中常选大地作为零电位点，这是因为设备的机壳大都是与地面相连接的。

（2）在电子线路分析中，常选择将很多元件汇集在一起的一个公共点，或者选择电源负极为零电位点。

如图2-8所示，在电路中一般标上"接地"符号，参数为$\varphi_b=0V$（以点b为零电位点）。

三、电位与电压量化关系

电路中的零电位点选定以后，电路中某点的电位就等于该点与零电位点之间的电压，这样电路中各点电位就有了一个确定数值，高于零电位点的电位为正值，低于参考点的电位为负值。电路中各点的电位确定以后，就可以求得任意两点之间的电压。

以图2-8（a）为例，说明电位与电压的量化关系。

（1）$\varphi_b=0V$（选择点b为零电位点，它是三条支路汇集点又是电源负极）。

（2）$\varphi_a=U_{ab}$（任意一点a的电位，等于该点和零电位点间电压值）。

（3）$U_{ac}=\varphi_a-\varphi_c$（任意两点间电压，等于两点电位之差）。

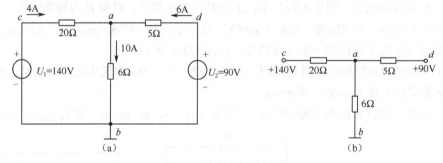

图2-8　电位分析法例图

【例5】　理解电位和电压的量化关系。

（1）图2-8（a）中，点b为零电位点，求φ_a，φ_c，φ_d（已知电压求电位）。

【解】　$\varphi_a=U_{ab}=6\times10=60V$，$\varphi_c=U_{cb}=140V$，$\varphi_d=U_{db}=90V$。

（2）图2-8（a）中，点b为零电位点，求U_{cd}（已知电位求电压）。

【解】　$U_{cd}=\varphi_c-\varphi_d=140-90=50V$。

（3）图2-8（a）中，选择不同零电位点，按表2-1求电位和电压，并分析结果，给出结论。

表2-1　例5表

零电位点	参数					
	φ_a/V	φ_b/V	φ_c/V	φ_d/V	U_{cd}/V	U_{ad}/V
a	0	-60	80	30	50	-30
b	60	0	140	90	50	-30
c	-80	-140	0	-50	50	-30
d	-30	-90	50	0	50	-30
结论	两点间电压是绝对的，不随零电位点的不同而不同；某点电位是相对的，随零电位点的不同而不同					

四、电子电位线路图的绘制

如图2-8（a）所示为完整电路图，包含恒压源和电阻负载。但是在实际电路中，元器件不仅多且结构复杂，为了突出电压源的位置同时为了绘制简单，不画出恒压源，而以在电源端标注电位值来代替，称为电子电位线路图，如图2-8（b）所示。

【省略条件】 恒压源一端必须直接与零电位点相连。

【方法】 从原图中移除该恒压源，一端接零电位点，另一端标注其电位值。

图2-8（a）中，两个恒压源都与零电位点直接相连，将恒压源所在支路省略，在节点处标注电位值，$\varphi_c=U_{cb}=+140V$，$\varphi_d=U_{db}=+90V$。

五、等电位点

电路中电位相同的点，称为等电位点。等电位点可以是临近两点，也可以是不相邻的点。

两点间电压为零，则这两点为等电位点；反之，当已知电路中存在等电位点，那么这些点之间电压一定为零，如图2-9所示。

（1）短路线两端点。图2-9（a）中，A与D为等电位点，C与B为等电位点。

推论：因为AD为短路线，故有$U_{AD}=0V$，$U_{AD}=\varphi_A-\varphi_D$，即$\varphi_A=\varphi_D$，同理$\varphi_C=\varphi_B$。

通常这种情况下只标注一个节点符号，如$A（D）$、$B（C）$。

（2）无电流通过的电阻元件两端点。图2-9（b）中，5Ω电阻中无电流通过，故由欧姆定律可得其端电压$U_{c0}=0V$，即$\varphi_c=\varphi_0$。

（3）电路中可以存在多个等电位点。图2-9（c）中，$\varphi_a=\varphi_b=\varphi_c$，那么$U_{ab}=U_{bc}=U_{ca}=0$。

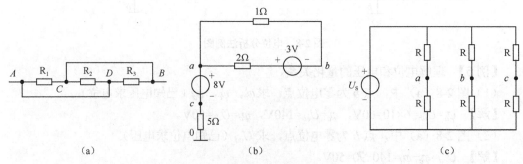

（a）　　　　　　　　　　　（b）　　　　　　　　　　　（c）

图2-9　等电位点

【例6】 熟练应用电位分析法。

电路如图 2-9（b）所示，求 φ_a、φ_b、φ_c。

【解】 因为点 a 与零电位点间只有单一支路相连，故该支路中无电流（广义节点分析）。

故 $\varphi_c = U_{c0} = 5 \times 0 = 0\text{V}$，$\varphi_a = U_{a0} = U_{ac} = 8\text{V}$。

在最上面的单回路中，$I_{ab} = 3/(1+2) = 1\text{A}$，故 $U_{ab} = I_{ab} \times 1 = 1\text{V} = \varphi_a - \varphi_b$，$\varphi_b = \varphi_a - U_{ab} = 8 - 1 = 7\text{V}$。

知识链接6 节点电位法（弥尔曼定理）

节点是电路结构中的支点，有了节点才能搭建支路，所以利用节点 KCL 可推导出以节点电位为研究对象的分析方法，即节点电位法。而其中最简单的结构就是有且只有 2 个节点的电路，常应用弥尔曼定理求解。

一、确定研究对象——节点电位

分析如图 2-10（a）所示电路结构，其中有 5 条支路、4 个网孔、2 个节点。请仔细观察这 5 条支路的特征，分析其共性和差异性。

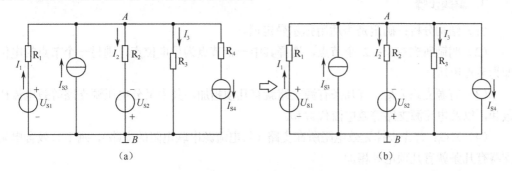

图 2-10 节点电位法例图

图中结构虽然复杂，但清晰可见所有支路都跨接在两个节点之间。如果选择其中一个节点为零电位点（如图 2-10（a）中点 B），则另一个节点（如图 2-10（a）中点 A）电位即为该点和零电位点间电压，则所有支路信息都和该节点电位有关。

弥尔曼定理的研究对象为节点电位。

二、描述及解读

1. 描述

以图 2-10 所示电路来说明弥尔曼定理的内容：电路中有且只有两个节点，设定其中一个节点电位为零（如图 2-10（a）中 $\varphi_B = 0\text{V}$），则另一个节点电位（如图 2-10（a）中 φ_A）即为该点和零电位点间电压，记为 U_{AB}，则有

$$\varphi_A = U_{AB} = \frac{\sum I_{Si}}{\sum G_i} \tag{2-5}$$

式中，G_i 为第 i 条支路有效电导；I_{Si} 为第 i 条含源支路等效电流，流入节点取正值，流出节点取负值。

2．解读

（1）有效电导

当理想电流源与电阻串联时，其电导为无效的，不计入式（2-7）中。如图 2-10（a）中 R_4 与电流源 I_{S4} 串联支路就可以等效视为去掉 R_4 后的纯电流源 I_{S4} 支路，如图 2-10（b）所示。其他 3 条支路有电阻，则有效电导有 3 项，故 $\sum G_i = 1/R_1 + 1/R_2 + 1/R_3$。

（2）等效电流

① 如果第 i 条含源支路是电流源时等效电流即为电流源值，正负号规定：当电流流向该节点时取正号，反之取负号。

如图 2-10（a）中显然有两个理想电流源，流入点 A 的为"$+I_{S3}$"，流出点 A 的为"$-I_{S4}$"。

② 如果第 i 条含源支路是电压源时等效电流大小为 $I_{Si} = U_{Si} G_i$（G_i 为与恒压源 U_{Si} 串联的电导），正负号规定：当电压源正极和该节点相连时取正号，电压源负极和该节点相连时取负号。

图 2-10（a）中显然有两个含电压源支路，正极与点 A 连接为"$+U_{S1}/R_1$"，负极与点 A 连接为"$-U_{S2}/R_2$"。

3．解题步骤

（1）结构分析：确定是否适用弥尔曼定理。

（2）明确研究对象：2 个节点，选择其中一个节点为零电位点，则另一个节点的电位即为节点电压。

（3）有源支路 $\sum I_{Si}$：有几条有源支路就有几项相加，其中又分电压源支路等效电流代数和，以及电流源支路等效电流代数和。

（4）$\sum G_i$：首先去掉无效电阻所在支路（与电流源串联电阻的支路），剩下有效含电阻支路有几条就有几项电导相加。

（5）代入公式求解。

【说明】

（1）弥尔曼定理是节点电位法最简单的应用，易学易用易解。对多节点电路，节点电位法列写复杂，难于掌握，但适于用计算机求解，本书中不再要求。

（2）节点电位法实质就是基尔霍夫电流定律的应用。

（3）节点电位法以节点电压为中间变量，再应用其他定律和方法求解其他物理量。

【例7】 熟悉应用弥尔曼定理解题的步骤。

电路如图 2-10 所示，应用弥尔曼定理求 U_{AB}。

【解】（1）结构分析：图中有且只有 2 个节点，正是弥尔曼定理应用范畴。

（2）明确研究对象：选定图中下端公共端为零电位点，则节点 A 电位 φ_A 为 U_{AB}。

（3）有源支路 $\sum I_{Si}$：4 条有源支路，显然 $\sum I_{Si} = +I_{S3} - I_{S4} + U_{S1}/R_1 - U_{S2}/R_2$。

（4）$\sum G_i$：3 个有效电导，即 $1/R_1 + 1/R_2 + 1/R_3$。

（5）代入公式：
$$\varphi_A = \frac{\sum I_{Si}}{\sum G_i} = \frac{I_{S3} - I_{S4} + \dfrac{U_{S1}}{R_1} - \dfrac{U_{S2}}{R_2}}{\dfrac{1}{R_1} + \dfrac{1}{R_2} + \dfrac{1}{R_3}}$$

【例8】 应用弥尔曼定理求解支路电流。

已知例 7 中，$U_{S1}=10V$，$U_{S2}=20V$，$I_{S3}=5A$，$I_{S4}=2A$，$R_1=1\Omega$，$R_2=2\Omega$，$R_3=4\Omega$，试求支路电流 I_1、I_2、I_3。

【解】 （1）应用弥尔曼定理求 φ_A。

$$\varphi_A = \frac{\sum I_{Si}}{\sum G_i} = \frac{I_{S3}-I_{S4}+\dfrac{U_{S1}}{R_1}-\dfrac{U_{S2}}{R_2}}{\dfrac{1}{R_1}+\dfrac{1}{R_2}+\dfrac{1}{R_3}} = \frac{5-2+\dfrac{10}{1}-\dfrac{20}{2}}{1+\dfrac{1}{2}+\dfrac{1}{4}} = \frac{12}{7}V$$

（2）应用两点间 KVL 和欧姆定律，求解支路电流。

支路电流 I_1：$\varphi_A = -I_1R_1+U_{S1} \Rightarrow I_1 = \dfrac{U_{S1}-\varphi_A}{R_1} = \dfrac{10-\dfrac{12}{7}}{1} = \dfrac{58}{7}A$

支路电流 I_2：$\varphi_A = I_2R_2-U_{S2} \Rightarrow I_2 = \dfrac{U_{S2}+\varphi_A}{R_2} = \dfrac{20+\dfrac{12}{7}}{2} = \dfrac{76}{7}A$

支路电流 I_3：$\varphi_A = I_3R_3 \Rightarrow I_3 = \dfrac{\varphi_A}{R_3} = \dfrac{\dfrac{12}{7}}{4} = \dfrac{3}{7}A$

【验证】 节点 A 处 KCL：$I_1+I_{S3}-(I_{S4}+I_2+I_3) = \dfrac{58}{7}+5-\left(2+\dfrac{76}{7}+\dfrac{3}{7}\right) = 0$，结果正确。

课堂随测–基于
结构的分析方法

扫码看答案

任务二 分析复杂的电阻网络

知识链接1 网络等效

一、描述

等效是一种很重要的思维方式。等效变换是电路分析中一种重要的方法，通过有效的等效变换，可以将一个结构较复杂的电路变换成结构简单的电路。

有两个二端口网络 N1 和 N2，如果它们所有对应端口的 VCR（伏安）特性一致，就可以称网络 N1 与网络 N2 互相等效，对外电路可以相互替代，实现等效变换。

等效变换

二、解读

1. 二端口网络（单口网络）

二端口网络具有以下特点：

① 只有两个端钮与外部电路相连。

② 进出端钮的电流相等。

网络以"N"标志；含有有源器件的称为有源网络，以"A"标志；由无源器件组成的称为无源网络，以"P"标志，如图 2-11 所示。

二端无源网络（如图 2-12 所示）可以为单一无源二端元件，如电阻元件、电容元件、电感元件；可以为纯电阻电路，由多个无源单一元件组成。在这一部分，以直流电路为背

笔记

景讲述的电路分析方法所涉及的全是纯电阻电路，如R、L、C电路由多个元件组成，在交流电路中更多的是由R、L、C组成的负载电路。

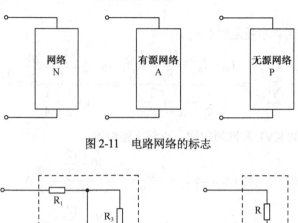

图 2-11　电路网络的标志

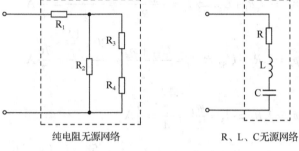

图 2-12　二端无源网络

2. 等效变换

等效变换是指对外等效且端口 VCR 一致。为使电路的分析简单化，将两等效网络 N1 和 N2 互换，等效互换后，外部网络 N 的支路电压和支路电流都不会发生改变，而替代部分电路与被替代部分电路在替代前后却是不同的。如图 2-13 所示为网络等效变换示意图。

图 2-13　网络等效变换示意图

下面对各种电路的分析都是基于等效变换理念的。

3. VCR 一致性

基于电阻网络而言，其等效变换一定满足欧姆定律，故对应端口的 VCR 特性一致即指对外电路性能一致。

① 端钮对应。

② 对应端钮之间的电压相等。

③ 流出或流入对应端钮的电流相等。

端口 VCR 特性一致及说明如图 2-14 所示。

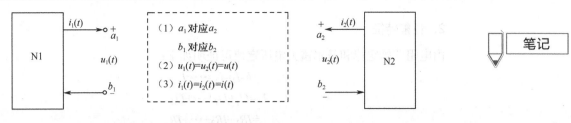

图 2-14 端口 VCR 特性一致及说明

三、无源电阻网络的等效

任何一个二端无源电阻网络（如图 2-15（a）所示）都可以等效为一个电阻（如图 2-15（b）所示），也称为该网络的输入电阻。

可以应用外加激励法求解等效电阻（如图 2-15（c）所示）。当已知外加激励源电压 U，应用电流表测得端口电流为 I，则 $R_{ab}=U/I$，故也称为实验法。这种方法不需要了解网络内部结构，也体现了解决实际问题时的一种"黑匣子"思路。

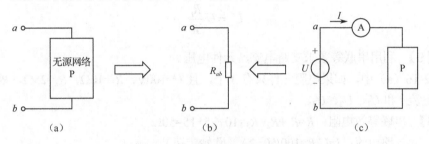

图 2-15 二端无源电阻网络的等效

知识链接 2 串并联电阻网络的等效变换

一、串联网络

1．结构特征

两端元件首尾相连，这种连接方法称为串联连接。

如图 2-16 所示电路，图 2-16（a）中网络 N1 由 R_1、R_2、$\cdots$、R_n 串联组成，其可等效为图 2-16（b）。网络 N2 中含单一电阻 R，其阻值为各个串联电阻值之和，R 称为串联等效电阻。

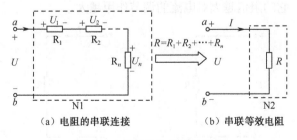

（a）电阻的串联连接　　　（b）串联等效电阻

图 2-16 电阻的串联等效变换

2. 性能特征

由电阻欧姆定律和基尔霍夫电压定律可证明如下：

$$I=I_1=I_2=\cdots=I_n \tag{2-6}$$

$$U=U_1+U_2+\cdots+U_n \tag{2-7}$$

$$=IR_1+IR_2+\cdots+IR_n$$

$$=I(R_1+R_2+\cdots+R_n)$$

设 $\qquad R=R_1+R_2+\cdots+R_n=\sum R \tag{2-8}$

则 $\qquad\qquad\qquad U=IR$

由以上分析，可总结出串联电路性能特征。

（1）串联支路电流处处相等。

（2）串联端口电压等于各个串联元件分电压之和：$U=U_1+U_2+\cdots+U_n=\sum U_j$。

（3）串联端口等效电阻等于各个串联电阻之和：$R=R_1+R_2+\cdots+R_n=\sum R$。

（4）串联分压 U_i 与对应电阻值 R_i 成正比：

$$U_i=U\frac{R_i}{R} \tag{2-9}$$

【例9】 利用串联等效求支路电流、元件电压。

图 2-16（a）中，如果电阻元件只有 3 个，且 $U=100V$，$R_1=10\Omega$，$R_2=25\Omega$，$R_3=15\Omega$，求支路电流 I 和 U_1、U_2、U_3。

【解】 串联等效电阻：$R=R_1+R_2+R_3=10+25+15=50\Omega$

支路电流：$I=U/R=100/50=2A$（欧姆定律）

元件电压：$U_1=IR_1=2\times10=20V$，$U_2=IR_2=2\times25=50V$，$U_3=IR_3=2\times15=30V$

可见，$U:U_1:U_2:U_3=R:R_1:R_2:R_3=100:20:50:30=50:10:25:15=10:2:5:3$。

如果不求中间变量 I，直接求各元件分压，则

$$U_1=R_1I=R_1U/R=10\times100/(10+25+15)=20V$$

由此总结出串联分压公式：$U_i=U\dfrac{R_i}{R}$，且串联分压与对应电阻值成正比。

【例10】 限流电路。

【解】 实际电路中，如果某条支路中出现过电流问题，简单的处理方法就是串联一个合适的电阻，降低支路电流，该电阻称为限流电阻。如图 2-17（a）所示，原电路电流 I_1 为 U/R_1，如果该值较大，对电路正常工作造成影响，就需要对其进行限流，如图 2-17（b）所示，串联一个电阻 R_2，支路电流立刻降为 $U/(R_1+R_2)$。这里 R_2 起到限制电流大小的作用，因此称为限流电阻，它的阻值越大对电流的调节作用越大。

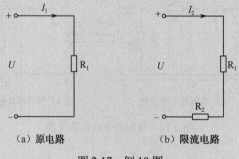

（a）原电路　　　　　　（b）限流电路

图 2-17 例 10 图

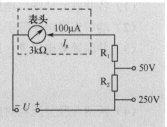

图 2-18 例 11 图

【例 11】 利用串联分压扩展电压表量程。

如图 2-18 所示，电压表表头内阻 R_g 为 3kΩ，恒流 100μA，因此电压表表头能承受的最大电压为 $U_m=I_gR_g=0.1×3=0.3V$，故要测量更多量程的电压，需对表头电路进行改造。

【分析】 在表头支路中串接合适电阻，便可实现电压量程的扩展，串接多个合适电阻，便可实现多种量程测量。

【解】 当需将量程扩展到 50V 时，$U_m=50V=I_g(3+R_1)=0.1×(3+R_1)$，得 $R_1=497kΩ$，即串联 497kΩ 的电阻就能实现。当需将量程扩展到 250V 时，$U_m=250V=I_g(3+R_1+R_2)$，得 $R_2=2MΩ$，即再串联 2MΩ 的电阻就能实现。

【注意】 本题中物理量量纲：$1mA×1kΩ=1V$。

二、并联网络

1. 结构特征

多个两端元件并接在两个公共节点上，这种连接方法称为并联连接。

如图 2-19（a）所示电路，网络 N1 由 R_1、R_2、…、R_n 并联组成，可等效为图 2-19（b）所示电路，网络 N2 中含单一电阻 R，其阻值的倒数为各个并联电阻值倒数之和，R 称为并联等效电阻。

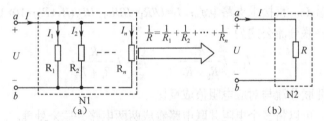

图 2-19 电阻的并联等效变换

2. 性能特征

由欧姆定律和基尔霍夫电流定律可证明如下：

$$U_1=U_2=\cdots=U_n=U \tag{2-10}$$

$$I_n=\frac{U}{R_n}$$

$$I=I_1+I_2+\cdots+I_n$$

$$=\frac{U}{R_1}+\frac{U}{R_2}+\cdots+\frac{U}{R_n}=U\left(\frac{1}{R_1}+\frac{1}{R_2}+\cdots+\frac{1}{R_n}\right)=U\frac{1}{R} \tag{2-11}$$

$$\frac{1}{R}=\frac{1}{R_1}+\frac{1}{R_2}+\cdots+\frac{1}{R_n} \tag{2-12}$$

$$G=G_1+G_2+\cdots+G_n$$

则 $I=\dfrac{U}{R}$。

由以上分析，可总结出并联电路性能特征。

（1）各并联元件端口电压相等。

（2）端口支路电流等于各个并联支路电流之和：$I=I_1+I_2+\cdots+I_n$。

（3）并联等效电阻 R，其阻值的倒数等于各个并联电阻值倒数之和：

$$\frac{1}{R}=\frac{1}{R_1}+\frac{1}{R_2}+\cdots+\frac{1}{R_n}$$

（4）两两并联分流与对应电阻值成反比：

$$I_1=I\frac{R_2}{R_1+R_2} \qquad I_2=I\frac{R_1}{R_1+R_2} \tag{2-13}$$

【例 12】 利用并联等效求支路电流、元件电压。

图 2-19（a）中，如果电阻元件只有 2 个，且端口电流 $I=10A$，$R_1=10\Omega$，$R_2=15\Omega$，求并联等效电阻 R、端口电压 U、并联支路电流 I_1 和 I_2。

【解】 两两并联等效电阻计算公式为

$$R=\frac{1}{\dfrac{1}{R_1}+\dfrac{1}{R_2}}=\frac{R_1 R_2}{R_1+R_2}$$

代入参数得 $R=6\Omega$。

端口电压：$U=IR=10\times6=60V$。

并联支路电流：$I_1=U/R_1=60/10=6A$，$I_2=U/R_2=60/15=4A$。

可见，$I_1:I_2=R_2:R_1=6:4=15:10=3:2$。

不求中间变量 U，直接求支路电流：$I_1=U/R_1=IR/R_1=IR_2/(R_1+R_2)=10\times15/(10+15)=6A$。

由此总结出并联分流公式为

$$I_1=I\frac{R_2}{R_1+R_2} \qquad I_2=I\frac{R_1}{R_1+R_2}$$

结论：两两并联分流与对应电阻值成反比。

实际应用中，可以将多个电阻并联电路看成两两电路并联来处理。

【例 13】 利用并联分流扩展电流表量程。

如图 2-20 所示，电流表表头内阻 r_g 为 $1k\Omega$，满偏电流 I_g 为 $1mA$。假设要求改装成量程 I 为 $500mA$ 的电流表，应选用多大的并联电阻 R_x？

【解】 表头电阻 r_g 与量程扩展电阻 R_x 并联，因此，两两并联分流与电阻值成反比，即

$$\frac{R_x}{r_g}=\frac{I_g}{I_R}=\frac{I_g}{I-I_g}$$

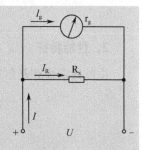

图 2-20　例 13 图

代入解得：$R_x=2.004\approx2\Omega$。即并联电阻越小，分流越大。

三、混联网络

当电路中的电阻连接方式既有串联又有并联时，称为电阻的混联。熟练掌握了电阻串并联的特点，就能方便地对电阻混联电路进行分析和计算。

【例 14】 识别串并联电路。

求图 2-21 中 a、b 间等效电阻 R_{ab}。

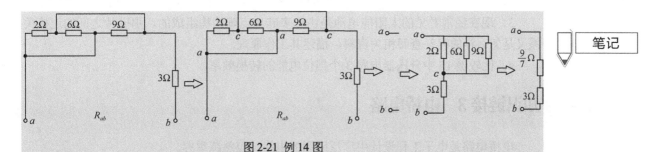

图 2-21 例 14 图

【解】

步骤：（1）标注节点（短接线不论长短、形状，只要其两端为同一电位，就标注为同一节点），此电路中只有 3 个节点 a、b、c。

（2）重新布图（先定出端口节点 a、b，再沿 a 到 b 路径顺序安置中间节点 c）。

（3）将各个元件连接于对应节点中。

（4）按清晰的串并联关系求解：显然为 3 个电阻并联再串联 1 个电阻的结构，故 $R_{ab}=2//6//9+3=30/7\Omega$（计算顺序：$2//6=1.5\Omega$，$1.5//9=9/7\Omega$，$9/7+3=30/7\Omega$）。

【例 15】 分压器电路。

某电炉标有"220V、484W"，分三挡工作，如图 2-22 所示。3 挡大火、2 挡中火（位于电位器中值）、1 挡小火，电位器 $R=100\Omega$，$R_{10}=50\Omega$，分别求支路电流及负载参数。

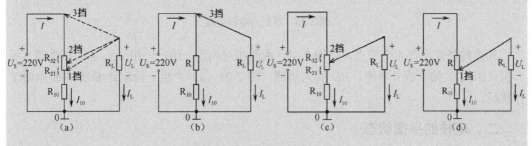

图 2-22 例 15 图

【解】 当在一道题中重复求解诸多物理量时，应用表格形式简洁明了，便于分析对比，如表 2-2 所示。

表 2-2 例 15 表

工作挡位	等效电阻/Ω	R_L/Ω	U_L/V	I_L/A	P_L/W	I_{10}/A	I/A	P_s/W
3 挡	$(R+R_{10})//R_L=60$	$=U^2/P$	220	2.2	484	1.47	3.67	807
2 挡	$R_{32}+[(R_{21}+R_{10})//R_L]=100$	$=220^2/484$	110	1.1	121	1.1	2.2	484
1 挡	$R+(R_{10}//R_L)\approx133$	$=100$	55	0.55	30	1.1	1.65	363
提示	本题中应用了额定值求电阻、欧姆定律求 U/I、并联分流与电阻成反比、等效电阻、KCL、KVL、阻性功率等知识，题目虽小，综合性却强							

【头脑风暴】

1. n 个相同的电阻 R 并联，其等效电阻为多少？

2. 节日里经常看到一串串小彩灯，灯与灯之间的连接关系是怎么样的呢？查阅相关资料，描述其工作原理。

3．现在经常看见的太阳能电池是由许多硅片点阵结构组成的，那硅片之间的连接关系又是怎么样的呢？查阅相关资料，描述其工作原理。

4．比较例 15 中分压器电路 3 个挡位电能的转换效率。

知识链接 3　电桥电路

惠斯通电桥

电桥电路是电子工程设计中广泛应用的电路，应熟练掌握。

一、电桥结构描述

如图 2-23 所示，电桥电路由四个桥臂电阻（R_1、R_2、R_3 和 R_x）和 BD 之间桥路电阻组成，加上电压源 U_S，就称为惠斯通电桥电路。

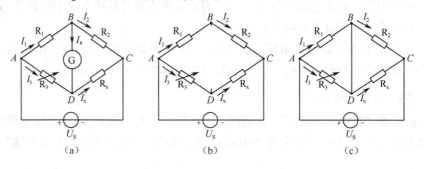

图 2-23　惠斯通电桥电路

其结构特点：有 4 个节点，分为 2 组，两两相对的为一组，一组（A、C）接电源，另一组（B、D）接负载外电路，BD 间为桥路，图 2-23（a）中接一检流计 G 来判定电桥工作状况。

二、电桥的平衡状态

1．电桥平衡状态的电路分析

当检流计不偏转置零时，BD 支路电流为零，电桥处于平衡状态。

① 如图 2-23（b）所示，I_g=0A，故 BD 支路可视为开路，则 R_1 和 R_2 串联（I_1=I_2），R_x 和 R_3 串联（I_x=I_3），共同分享电源电压 U_S（设 φ_C=0V）。

$$\varphi_B=U_{BC}=U_SR_2/(R_1+R_2)$$
$$\varphi_D=U_{DC}=U_SR_x/(R_3+R_x)$$

② 如图 2-23（c）所示，U_{BD}=0V，故 φ_B=φ_D，BD 支路可视为短路，同时 R_1 和 R_3 并联，R_2 和 R_x 并联，故

$$U_SR_2/(R_1+R_2)= U_SR_x/(R_3+R_x)$$

即得

$$R_1R_x=R_2R_3 \text{ 或 } \frac{R_1}{R_3}=\frac{R_2}{R_x} \tag{2-14}$$

这就是电桥平衡时桥臂电阻之间的量化关系，此时电阻值对应成比例。

2．电桥电路平衡特征

① 桥路 BD 间可视为短路，U_{BD}=0V，φ_B=φ_D。

② 桥路 BD 间可视为开路，$I_g=0A$，$I_1=I_2$，$I_x=I_3$。

③ 桥臂电阻值对应成比例：$R_1R_x=R_2R_3$ 或 $\dfrac{R_1}{R_3}=\dfrac{R_2}{R_x}$。

三、电桥的不平衡状态

如图 2-23（a）所示，当检流计偏转时，BD 支路电流不为零，电桥处于不平衡状态。

电桥输出：$U_{BD}=\varphi_B-\varphi_D=U_S\left(\dfrac{R_2}{R_1+R_2}-\dfrac{R_x}{R_3+R_x}\right)=\Delta U\neq 0\mathrm{V}$。

利用电桥的不平衡原理可制造一种常用仪表，即电子电位差计，其输出精度可达 0.1%。

假设 $R_1=R_2=R_3=R$，$R_x=R+\Delta R$，即 R_x 为压敏电阻，当压力平衡时 $\Delta R=0\Omega$；当压力发生变化时输出电压随之变化，即

$$\Delta U=U_S\left(\frac{R_2}{R_1+R_2}-\frac{R_x}{R_3+R_x}\right)=U_S\left(\frac{1}{2}-\frac{R+\Delta R}{2R+\Delta R}\right)$$

【例 16】 利用电桥平衡求电阻。

（1）应用电桥平衡，可以精准地测量一定范围内的电阻，测量范围可由 1Ω 到 1MΩ，图 2-23 中，R_x 为待测电阻，R_1 和 R_2 为固定电阻，为什么通常选择 R_3 为可调电阻？

【解】 因为只有 R_3 为可调电阻，可以调节阻值，使得某一阻值下电桥平衡，满足 $R_1R_x=R_2R_3$，才能求出 R_x。

（2）电桥由直流电源供电，$R_1=100\Omega$，$R_2=1000\Omega$，$R_3=150\Omega$ 时，电桥平衡，此时 R_x 为多少？

【解】 $R_1R_x=R_2R_3$，$R_x=R_2R_3/R_1=1500\Omega$。

【例 17】 利用电桥平衡求等效电阻。

求图 2-24 中 ab 间等效电阻。

【分析】 应用电桥平衡解题的关键是正确识别电桥电路，并判定其是否平衡。

① 看结构：是否有 4 个节点？电阻是否分别跨接在两两节点之间？输出两点与桥路端点是两两相对关系吗？

② 看平衡：桥臂电阻值是否满足平衡条件。

【解】 显然图 2-24（a）所示为电桥结构且 4 个桥臂电阻值对应成比例，故此时电桥平衡。cd 间可以视为短路（如图 2-24（b）所示），则

$$R_{ab}=6//6+8//8=7\Omega$$

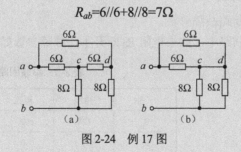

图 2-24 例 17 图

【例 18】 利用惠斯通电桥的不平衡分析压阻式传感器的工作原理。

如图 2-25 所示，电源为 12V 直流电压源，3 个桥臂电阻值相等且为固定值 $R=4.5\mathrm{k}\Omega$，

第 4 个桥臂电阻用压阻式半导体材料制成，其工作特性是当没有外加压强时（称为零位）其具有固定初始阻值 4.5kΩ，此时电桥平衡，输出电压ΔU=0V；随着外加压强的变化，其阻值的变化量ΔR 随之变化，从而产生差压输出信号。这就是电阻式传感器的工作原理。

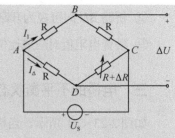

图 2-25　例 18 图

【解】 假设，当压阻臂受到1000Pa 压强时，其电阻值减少 500Ω，则此时可检测到的输出差压为

$$\Delta U = U_S[1/2-(R+\Delta R)/(2R+\Delta R)]=12[1/2-(4500-500)/(2\times4500-500)]\approx35\text{mV}$$

这样传感器就实现了将压强（非电量）转换为电压信号。

技能拓展1　串并联电阻电路故障分析

技能训练

【技能目标】 对常见的串并联电路故障做出分析是职业电工必备的专业技能之一。

一、发现故障

在实际工作中，用电器故障很多是借助感官反应（味觉、视觉、听觉和嗅觉）来发现的。

例如，有些用电器在正常状态下表现出可以以视觉分辨的特征，那么出现故障当然就可以看到，如灯不亮、电扇不转、电视机不显示图像、电表指针不偏转等。

还有许多情况下故障是通过嗅觉发现的。通常电路中出现过电流，发热会导致设备发出焦臭味，还可能伴随电线外壳的烧焦味。

比如，听不到冰箱压缩机的启停声，可能是控制电路出现了故障；冰箱不制冷了，可能是温控器电路出现了故障。听觉、触觉等感官反应是发现故障的重要途径。

同时，还有很多故障是无法依靠感官去发现的，因此，在实际工作中周期性检修电路，对预防和发现重大故障隐患很有必要。

二、故障分析

感官经验固然重要，能让我们迅速发现故障，但却无法精准找到故障来源，只有利用标准检测设备和专业电路知识才能精准排查故障源。

电气元件的连接方式最常见的就是串并联，因此熟练掌握串并联电路的故障特征是非常有必要的。

1. 串联电路的故障分析

【例 19】 串联元件断路故障分析。

如图 2-26 所示串联回路中，如果电阻 R_1 断开了，故障参数如表 2-3 所示。

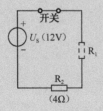

图 2-26　例 19 图

表 2-3　串联回路故障参数

元件	电压	电流	电阻	功率
R_1	12V	0	∞	0
R_2	0	0	4Ω	0
故障分析	串联回路中无电流；无功耗；断开元件端电压为电源电压，电阻趋于无穷大；其他元件端电压及电流均为0			

笔记

【例20】 串联元件短路故障分析。

如图 2-27 所示串联回路中，如果电阻 R_1 短路了，故障参数如表 2-4 所示。

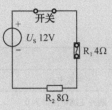

图 2-27 例 20 图

表2-4 串联回路故障参数

元件	电压	电流	电阻	功率
R_1	0	1.5A	0	0
R_2	12V	1.5A	8Ω	18W
故障分析	串联回路中总电阻降低，电流增大；短路元件端电压及功率均为0；其他元件端电压及功率增加			

【注意】 在例 20 中，如果 R_2 电阻的额定功率为 10W，则在 R_1 发生短路故障后，引起回路电流升高，导致 R_2 的功率超过额定功率的 80%，后果是 R_2 被烧毁，且出现断路故障，使该回路彻底瘫痪。所以，最好逐个排查出现故障的串联回路中的元件，确保不留隐患。

在实际工作中，不是所有的故障都是短路和断路引起的。有时候元件老化或者过劳造成的局部故障也会对电路工作产生影响，继而改变元件的标准阻值或发生漏电。

2．并联电路的故障分析

并联电路的故障分析与串联电路类似，都是通过相关知识来分析短路和断路故障是如何影响电路参数的。

【例21】 并联元件断路故障分析。

如图 2-28 所示并联电路中，如果电阻 R_1 断开了，故障参数如表 2-5 所示。

表2-5 并联回路故障参数

元件	电压	电流	电阻	功率
R_1	120V	0	∞	0
R_2	120V	4mA	30kΩ	480mW
R_3	120V	3mA	40kΩ	360mW
合计	120V	7mA	17.1kΩ	840mW
故障分析	总电阻升高；总电流减小；总功耗降低；断开支路端电压不变，但电阻趋于∞；功率为0；其他元件不受影响			

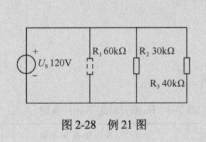

图 2-28 例 21 图

【例22】 并联元件短路故障分析。

并联电路中，任一支路短路，都会引发严重后果。如图 2-29 所示，R_1 短路了，导致电压源主支路电流瞬间变得极大，会烧毁主支路，所以一定要接保护装置。

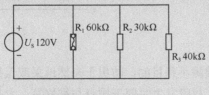

图 2-29 例 22 图

3. 串并联电路的故障分析

串并联电路的故障分析类似于串联或并联电路故障分析，要牢记串并联电路的故障特征，如表 2-6 所示。

表 2-6 串并联电路的故障特征

故障	现象	
	串联电路	并联电路
断路	断开支路电流降为 0	断开支路电流降为 0
	故障元件端电压等于外加电压	总（主）支路电流下降
	其他元件端电压为 0	其他支路正常工作
短路	回路电流升高	使电源保险丝烧断，所有支路中都没有电流
	故障元件端电压等于 0	所有支路端电压全为 0
	其他元件端电压升高	所有支路两端测得的电阻全为 0

同时，还要熟悉各个元件的出厂铭牌，熟练掌握实际电压、电流、功率与电阻的检测方法，对比额定参数，找出潜在隐患。

【例 23】 串并联电路故障分析。

如图 2-30 所示串并联电路中，分两种情况进行分析，电路元件参数如下。

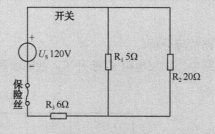

图 2-30 例 23 图

（1）正常工作状态下，元件参数如表 2-7 所示。

（2）故障之一：R_1 断开，元件参数如表 2-8 所示。

表 2-7 正常工作状态下元件参数

元件	电压	电流	电阻	功率
R_1	48V	9.6A	5Ω	461W
R_2	48V	2.4A	20Ω	115W
R_3	72V	12A	6Ω	864W
合计	120V	12A	10Ω	1440W

表 2-8 R_1 断开状态下元件参数

结构	R_1 断开，使得 R_2 和 R_3 串联			
元件	电压	电流	电阻	功率
R_1	92.4V	0	∞	0
R_2	92.4V	4.62A	20Ω	427W
R_3	27.7V	4.62A	6Ω	128W
合计	120V	4.62A	26Ω	555W

三、保护措施

在实际工作中，排查故障不是目的，防患于未然地采取保护措施使故障少发生，局部故障不引起其他联锁故障，故障发生时便于排查与维修等，才是必要的。因此根据实际电路和元件特性合理安装保护装置就显得尤为重要。

在实际电路中，首先需要安装开关，便于主动控制电路的启停和维修，再就是合理安装保护装置。

以上串并联电路都是理论上的电路模型，没有考虑保护措施。比如，图2-27中的串联回路，如果安装了熔断点为1.2A的保险丝，那么短路电阻R_1的局部故障使串联电流升高到大于1.2A时，保险丝将及时断开，保护电阻R_2不被烧毁。实际电路如图2-31（a）所示。

再如，图2-29中的并联电路是理想化电路模型，电压源没有内阻，因此在被短路瞬间电流趋于无穷大，电源瞬间被烧毁。实际电路设计中是不允许这种情况发生的。首先，实际电压源是有电阻（R_0）的，只是太小，但正是它的存在，使得短路电流为一个有限值，但短路故障仍然有极大的破坏性。因此需要安装保险丝，在电流急速增大时迅速熔断，保护电源。所以，并联短路比串联短路的危害更大。实际电路如图2-31（b）所示。

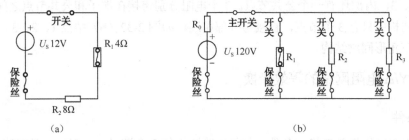

图2-31 实际电路的保护装置

【头脑风暴】

1. 3个"10W、8V"的灯泡串联于一个24V的直流电源电路中，如果一个灯泡丝被烧断，其他灯泡仍然亮吗？为什么？分析回路中各元件电压。如果其中一个灯泡被短接了，又会出现什么状况？

2. 如果两个灯泡串联，给它们供电的是两节5V电池，接通开关后两个灯泡都不亮，经检测灯泡都是好的，能分析出故障原因吗？

3. 3个电阻 R_1 10Ω/10W、R_2 20Ω/20W、R_3 30Ω/30W，串联于一个60V的直流电源电路中，请用表格形式描述下列3种情况下各元件的工作状态。（1）元件均正常工作；（2）R_1 断路；（3）R_3 短路。

4. 灯泡铭牌为"12V 50W"，并联接入12V电压源两端，主支路保险丝限流3A，问最多可以接几个灯泡？如果其中一个灯泡不亮，对其他灯泡有影响吗？

5. 某办公室买来3台电暖气，铭牌标称"220V 3000W"，请设计可能的电路形式，并选取最优方案，最后完成包含保护装置的电路设计图。

技能拓展2 识别 Y/Δ 电阻网络

【技能目标】 了解三端口电阻网络的连接方式及等效变换。

一、Y/Δ 电阻网络结构特征

电阻串并联形成的是二端口网络，还有一种三端口网络的形式，即三个端子与外部相连。其内部结构分为星形（Y形）连接（见图2-32（a））和三角形（Δ形）连接（见图2-32（b））。

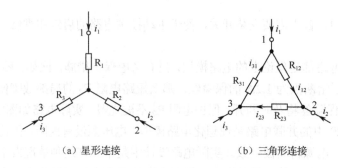

（a）星形连接　　　　　　　　（b）三角形连接

图2-32　Y/Δ电阻网络

　　显然，Y形结构中一共有4个节点，其中3个节点为与外部相连的端子，如图2-32（a）中点1、2、3，内部还有一个公共节点。3个电阻分别跨接在端子和公共节点之间。

　　Δ形结构中只有3个节点，直接与外部相连，如图2-32（b）中点1、2、3。3个电阻组成一个三角形回路结构。

二、Y/Δ电阻网络的等效变换

1. 条件

　　Y/Δ电阻网络等效变换的条件：与外电路连接的3个端子一一对应，且对应端钮间电压相同时，流入对应端钮的电流也是相等的。

2. 公式

（1）Y转化为Δ

如图2-32中，已知Y形电阻值，则对应的Δ形电阻值分别为

$$R_{12} = \frac{R_1 R_2 + R_2 R_3 + R_3 R_1}{R_3}$$

$$R_{23} = \frac{R_1 R_2 + R_2 R_3 + R_3 R_1}{R_1} \tag{2-15}$$

$$R_{31} = \frac{R_1 R_2 + R_2 R_3 + R_3 R_1}{R_2}$$

（2）Δ转化为Y

如图2-32中，已知Δ形电阻值，则对应的Y形电阻值分别为

$$R_1 = \frac{R_{12} R_{31}}{R_{12} + R_{23} + R_{31}}$$

$$R_2 = \frac{R_{23} R_{12}}{R_{12} + R_{23} + R_{31}} \tag{2-16}$$

$$R_3 = \frac{R_{31} R_{23}}{R_{12} + R_{23} + R_{31}}$$

为了便于记忆，以上互换公式可以归纳为

$$R_Y = \frac{\text{与对应端点相连的两个} R_\Delta \text{的乘积}}{\sum R_\Delta}$$

$$R_\Delta = \frac{\text{Y形电阻值两两乘积之和}}{\text{Y形不相连电阻值}}$$

三、Y/Δ 电阻网络的等效变换的应用

当有串并联无法化简的电阻网络时，有时可以通过 Y/Δ 变换，呈现出串并联结构，从而进行化简。

【例24】 3 个电阻都相等时的 Y/Δ 互换。

【解】 设图 2-32 中 Y 形电阻值已知且 $R_1=R_2=R_3=R_Y$，那么代入公式即得

$$R_{12}=R_{23}=R_{31}=R_\Delta=3R_Y$$

设图 2-32 中 Δ 形电阻值已知且 $R_{12}=R_{23}=R_{31}=R_\Delta$，那么代入公式即得

$$R_1=R_2=R_3=R_Y=R_\Delta/3$$

【例25】 了解 Y/Δ 变换的步骤及注意事项。

【解】 求图 2-33（a）中等效电阻 R_{15}。

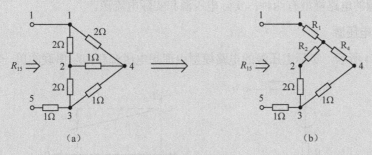

图 2-33　例 25 题

【步骤】 （1）结构分析：显然图 2-33（a）中 Y 形结构有 2 组（一组以点 2 为公共节点，一组以点 4 为公共节点）；Δ 形结构有 2 组（Δ124、Δ234）。

（2）确定等效变换思路。显然，这里存在 Y/Δ 和 Δ/Y 两种变换方向，且每一种有 2 组选择。那么可以任意选取一种变换方向、一组试一试。

（3）形成串并联结构再化简。网络结构全部为串并联关系，才能进行最后化简。

【解】 选择 Δ/Y 变换方向的 Δ124 组，可得图 2-33（b），代入变换公式得

$$R_1=\frac{2\times 2}{2+2+1}=0.8\Omega$$

$$R_2=\frac{2\times 1}{2+2+1}=0.4\Omega$$

$$R_3=\frac{2\times 1}{2+2+1}=0.4\Omega$$

图 2-33（b）中各个电阻都是串并联关系，故可以直接求解：

$$R_{15}=R_1+(R_2+2)//(R_4+1)+1=0.8+\frac{2.4\times 1.4}{2.4+1.4}+1\approx 2.68\Omega$$

【头脑风暴】

图 2-24 所示电桥电路中，Δ/Y 结构有多少组，试着用等效变换方法求解等效电阻。

课堂随测-电阻
网络分析

扫码看答案

任务三　分析复杂的有源网络

知识链接 1　实际电源网络的等效互换

一、实际电源

前面介绍了理想电源，其特征是电压或者电流不随外电路变化，且没有衰减。但正如手电筒电路中的实际电源元器件：干电池，其电量是存在明显衰减的，内部存在消耗。而消耗电能的元件模型就是电阻。因此，实际电源是理想电源和电阻的组合，该电阻称为电源内阻。

实际电源的电路模型有两种：实际电压源和实际电流源。

1. 实际电压源

如图 2-34 所示，实际电压源的电路模型由理想电压源和内阻串联的单一支路组成。

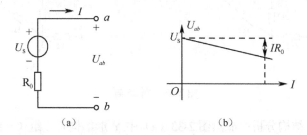

图 2-34　实际电压源

那么实际电压源是如何工作的呢？输出电压又是多少呢？

如图 2-34（a）所示为省略了负载支路的情况，其电流为 I，那么实际电压源输出端电压即负载电压为 U_{ab}，由两点间电压 KVL 及欧姆定律可得

$$U_{ab}=U_S-IR_0$$

假设实际电压源参数已知，该式就是实际电压源对外的伏安特性，称为外特性，如图 2-34（b）所示。

可见，实际电压源向外输出的电压 U_{ab} 小于理想电压源 U_S，损失的部分由内阻 R_0 产生。内阻越小，输出负载电压越大，该电压源带负载能力越强。

2. 实际电流源

如图 2-35（a）所示，实际电流源的电路模型由理想电流源和内阻并联组成。

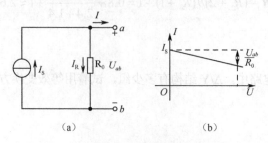

图 2-35　实际电流源

那么实际电流源是如何工作的呢？输出电流又是多少呢？

笔记

如图 2-35（a）所示为省略了负载支路的情况，其电压为 U_{ab}，那么实际电流源输出电流即负载电流为 I，由节点 KCL 及欧姆定律可得

$$I = I_S - I_R = I_S - U_{ab}/R_0$$

假设实际电流源参数已知，该式就是实际电流源对外的伏安特性，称为外特性，如图 2-35（b）所示。

可见，实际电流源向外输出的电流 I 小于理想电流源 I_S，损失部分由内阻 R_0 产生。内阻越大，输出负载电流越大，该电流源带负载能力越强。

二、实际电源的相互等效

1. 等效互换条件

如图 2-36 所示，当电压源端口与电流源端口的 VCR 一致时，电压源与电流源可以实现等效互换。

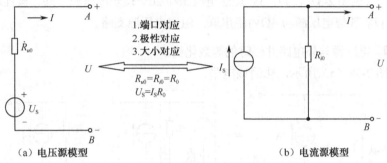

图 2-36 实际电压源与电流源的等效互换

（1）端口对应

电压源的高、低电位与电流源的高、低电位对应，即 A 与 A 对应，B 与 B 对应。

（2）极性对应

电压源电压与电流源电流的方向非关联，即 I_S 的方向对应指向电压源的"+"极。

（3）大小对应

根据等效特性，可得电压源端口电压和电流对应等于电流源端口电压和电流，即

$$U = U_S - IR_{u0} = I_S R_{i0} - IR_{i0}$$

可得

$$R_{u0} = R_{i0} = R_0 \tag{2-17}$$

$$U_S = I_S R_0 \text{ 或 } I_S = U_S/R_0 \tag{2-18}$$

即电压源内阻与电流源内阻相等，电压源电压、电流源电流和内阻满足欧姆定律。

2. 适用条件

（1）实际电流源与外电路串联时，适合变换为电压源。

（2）实际电压源与外电路并联时，适合变换为电流源。

（3）如果所求未知量在需要变换的实际电源模型内部，不适合应用该变换方法。

【例 26】 电流源与外电路串联时的等效化简。

电路如图 2-37（a）所示，化简该电路。

笔记

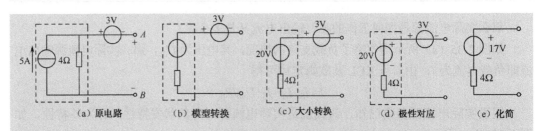

图 2-37　例 26 图

【解】

（1）原电路（见图 2-37（a））：由 5A 理想电流源与 4Ω 内阻组成的实际电流源网络和其外部的 3V 理想电压源串联，故将电流源转换为电压源更方便。

（2）模型转换（见图 2-37（b））：在对应端点间去掉电流源模型转换为电压源模型。

（3）大小转换（见图 2-37（c））：4Ω 内阻不变，$U_S = I_S \times R_0 = 5 \times 4 = 20V$。

（4）极性对应（见图 2-37（d））。

（5）化简（见图 2-37（e））：3V 理想电压源和 20V 理想电压源串联，极性相反，故可转化为一个 17V 理想电压源与 4Ω 内阻串联，组成电压源支路。

【例 27】 电压源与外电路并联时的等效化简。

电路如图 2-38（a）所示，化简该电路。

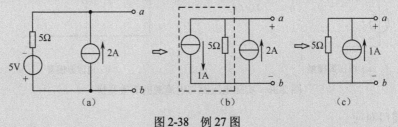

图 2-38　例 27 图

【解】 化简结果如图 2-38（b）、（c）所示。

【例 28】 利用电源等效化简电路并进行分析。

电路如图 2-39（a）所示，求解电流 I 及验证电路功率平衡。

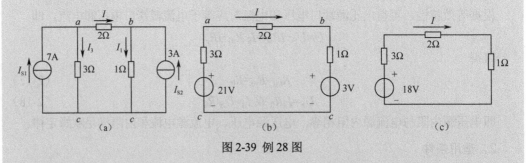

图 2-39　例 28 图

【解】

（1）原电路：图 2-39（a）中，两个电流源和一个 2Ω 电阻串联，因此可以等效成电压源。

（2）电压源等效：图 2-39（b）中，a、c 两点间电流源可等效为 21V、3Ω 的电压源；b、c 两点间电流源可等效为 3V、1Ω 的电压源。

（3）理想电压源串联等效：图 2-39（c）中，两个极性相反的电压源可等效为 18V 的理想电压源。

（4）单回路求解：I=18/(3+2+1)=3A。

（5）功率求解：

图 2-39（a）中，流经 2Ω电阻的电流为 3A，功率为 P_2=2×3²=18W。

由节点 a 基尔霍夫电流定律可得，图 2-39（a）中流经 3Ω电阻的电流为 I_3=7−3=4A，功率为 P_3=3×4²=48W。

由节点 b 基尔霍夫电流定律可得，图 2-39（a）中流经 1Ω电阻的电流为 I_1=3+3=6A，功率为 P_1=1×6²=36W。

图 2-39（a）电路中，由欧姆定律可得 U_{ac}=4×3=12V，U_{bc}=6×1=6V。

所以，7A 理想电流源输出的功率为 P_{7A}=−$U_{ac}I_{S1}$=−12×7=−84W<0，输出功率。

3A 理想电流源输出的功率为 P_{3A}=−$U_{bc}I_{S2}$=−6×3=−18W<0，输出功率。

由此可见，P_{7A}+P_{3A}+P_1+P_2+P_3=0，电源输出功率与负载消耗功率是平衡的。

必须注意题目求解对象为图 2-39（a）所示电路的参数，不可以按图 2-39（b）中电路参数计算。大家可以想一想为什么，这也是进行等效变换化简时极易出现问题的地方。

知识链接 2　多电源电路的分析（叠加定理）

电路中往往会出现多个电源同时存在的情况，处理的方法很多，现在介绍以电源为切入点的分析方法，即叠加定理。

分析如图 2-40 所示电路，其中含有 2 个电源。

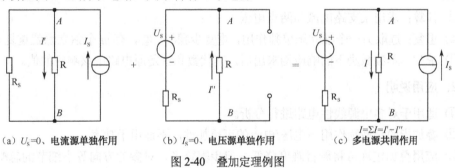

（a）U_S=0，电流源单独作用　（b）I_S=0，电压源单独作用　（c）多电源共同作用

图 2-40　叠加定理例图

一、叠加定理的描述

以图 2-40 为例描述叠加定理的内容：任一线性电路，如果有多个独立源同时激励（如图 2-40（c）所示），则其中任一条支路的响应（电压或电流）等于各独立源单独激励时在该支路中产生的响应（电压或电流）的代数和。

二、叠加定理的解读

1．适用范围

① 含有两个或两个以上独立电源的电路，如图 2-40（c）中含有 2 个独立电源。

② 线性电路（由线性元件组成的电路），如图 2-40（c）中只含有电源和电阻元件，且都是线性元件。

2．单独激励

当某一独立源单独激励时，电路中其他的独立源均不工作视其值为零。

① $U_S = 0$ 相当于将独立电压源去掉，再将其两端短接，如图 2-40（a）所示。

② $I_S = 0$ 相当于将独立电流源去掉，使其所在支路开路，如图 2-40（b）所示。

3．代数和

强调的是原电路中响应的参考方向与单独激励下该响应的参考方向的一致性。代数和可以理解为：

① 在单独激励下，某响应的参考方向与多个激励作用下该响应的参考方向相同，则符号为"+"。

② 在单独激励下，某响应的参考方向与多个激励作用下该响应的参考方向相反，则符号为"–"。

如图 2-40 所示，响应为电阻 R 的电流。

图 2-40（a）中电流源单独作用下 I'和图 2-40（c）中 I 的参考方向一致，符号为"+"。

图 2-40（b）中电压源单独作用下 I''和图 2-40（c）中 I 的参考方向相反，符号为"–"。因此 $I = I' - I''$。

三、叠加定理的应用

1．解题步骤

① 作图：任意选取一个独立源单独作用，同时将其他的独立源视为零，作出相应的电路图。

② 计算：求出某支路电流和两点电压。

③ 重复：选取另一个独立源单独作用，重复步骤①、②，有 m 个独立源就重复 m 次。

④ 求和：单独激励下的响应均求出后，其代数和就是原电路中该响应的值。

2．应用说明

① 适用于对多电源线性电路进行分析。

② 叠加指的是激励作用下电压/电流的可叠加性，不适用于功率。

③ 应用叠加定理可将题目难度降低，但步骤繁多，对参考方向等小细节的忽略，将产生错误结论，所以一定要严谨细心。

④ 学习叠加定理的目的是掌握线性电路的基本性质和分析方法，更重要的是培养应用叠加思想解决问题的能力。

【注意】 叠加本质上是双向可逆的体现（有"拆"有"合"），其应用领域很多，如图 2-41 所示。

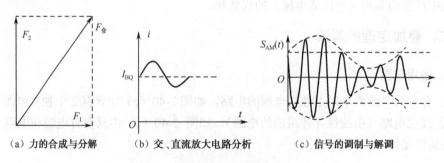

（a）力的合成与分解　　（b）交、直流放大电路分析　　（c）信号的调制与解调

图 2-41 叠加思想在不同领域的应用

【例29】　熟悉应用叠加定理解题的步骤。

电路如图 2-40（c）所示，U_S =27V，I_S=6A，R_S=6Ω，R=3Ω，应用叠加定理求流经电阻 R 的电流 I 及端电压 U_{AB}。

【解】　（1）结构分析：电路中有且只有 2 个电源，正是叠加定理的应用范畴。

（2）I_S 单独作用分析。

作图：U_S=0，即将其短路，如图 2-40（a）所示，为并联分流电路。

计算：$I'= I_S R_S/(R+R_S)$=6×6/(3+6)=4A，$U_{AB}'=I'R$=4×3=12V。

（3）U_S 单独作用分析。

作图：I_S=0，即将其开路，如图 2-40（b）所示，为串联分压电路。

计算：$I''=-U_S/(R+R_S)$=-3A（其参考方向与回路电流真实方向相反）。

$U_{AB}''=-I''R$=-(-3)×3=9V（其电压与电流参考方向非关联）。

（4）I_S、U_S 共同作用，如图 2-40（c）所示。

求和：$I= I'-I''$=4-(-3)=7A，$U_{AB}=U_{AB}'+U_{AB}''$=12+9=21V。

【总结】　通过该例题，可以得出：

（1）叠加定理用来计算复杂电路的优势在于降低难度，如图 2-40（b）、（c）所示已经是最简串联回路和最简并联电路了。

（2）当电路中的电源较多时，重复计算量太大，因此，这种情况下叠加定理并非最优方法。

【例30】　应用叠加定理时的功率问题。

求例 29 中电阻 R 的功率。

【分析】　（1）在图 2-40（c）中，即 I_S、U_S 共同作用下：$P=IU_{AB}$=7×21=147W。

（2）在图 2-40（a）中，即 I_S 单独作用下：$P'=I'U_{AB}'$=4×12=48W。

（3）在图 2-40（b）中，即 U_S 单独作用下：$P''=-I''U_{AB}''$=-(-3)×9=27W。

（4）显然，$P≠P'+P''$。

（5）结论：应用叠加定理只能对 U、I 进行叠加，功率不能叠加。

【例31】　利用叠加定理分析"黑匣子"问题。

电路如图 2-42 所示，已知 U_S=10V 时，I=1A；则 U_S=20V 时，I=？

【分析】　本题看似复杂且电阻元件参数未知，在电路分析通常称为"黑匣子"问题。但可以把 U_S=20V 看作 2 个 10V 理想电压源串联。

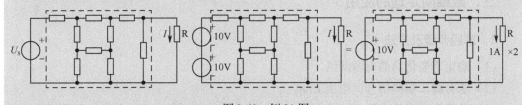

图 2-42　例 31 图

【解】　利用叠加定理分析可得：2 个 10V 理想电压源同时作用下 I=1×2=2A。

但注意此时"黑匣子"内部为无源网络。可见，该问题的解决与"黑匣子"中的网络结构和参数无关，也体现了其齐次性特征。

该题反映的就是齐次定理内容：在线性电路中，如果全部激励同时增大 K 倍或缩小 $1/K$，其响应（电压/电流）也相应增大 K 倍或缩小 $1/K$。

知识链接 3　戴维南定理

如图 2-43（a）所示为一个有源开口网络，应用电压源与电流源的等效变换将其化简为一个电压源支路。

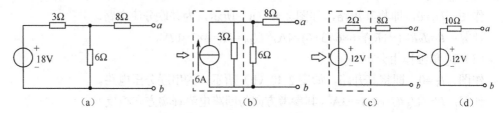

图 2-43　有源开口网络的最简化

一、确定研究对象

图 2-43（a）所示电路是有源二端网络，这也是戴维南定理的研究主体。

二、戴维南定理的描述及解读

任何一个线性有源二端电阻网络 A，总可以对外电路等效为一个电压源支路（一个独立电压源与电阻的串联模型），独立电压源电压等于该二端网络的开口电压 U_{OC}，电阻 R_0 为该二端网络中所有独立电源按零值处理时的无源网络的输入电阻（亦称戴维南等效电阻），如图 2-44 所示。

这个结论在 1883 年由法国人 L.C.戴维南提出，称为"戴维南定理"。

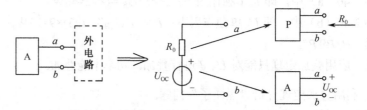

图 2-44　戴维南定理

三、戴维南定理的应用

1. 解题步骤及方法

（1）确定需要化简的有源网络。

（2）求有源二端网络开口电压 U_{OC}。

（3）求戴维南等效电阻 R_0：将有源二端网络中电源按零值处理（独立电压源短路、独立电流源开路），形成无源二端网络。

（4）代入参数画出对应等效电压源支路（亦称戴维南电压源支路、戴维南支路）。

2. 应用

（1）有源二端网络的化简。

（2）完整电路中，适合所求未知量集中在一条未知支路上的情况。这样便于制造一个有源开口网络，利用戴维南定理求解。

（3）戴维南定理是一种抽象思维的应用，将复杂的有源网络看成最简电压源支路，因此广泛应用于电路分析之中。

【例32】 熟悉应用戴维南定理化简有源开口网络的步骤。

应用戴维南定理化简图 2-43（a）所示电路。

【步骤】（1）求有源网络开口电压 U_{OC}：由于 a、b 间开路，故 8Ω 电阻中无电流通过，当然就没有形成电压降；故 18V 恒压源与 3Ω、6Ω 电阻组成串联单回路，6Ω 电阻上分压即为开口电压 U_{OC}。

$$U_{OC}=18\times6/(3+6)=12V$$

（2）求戴维南等效电阻 R_0：将有源二端网络中电源按零值处理（独立电压源短路、独立电流源开路），形成无源二端网络，求其等效电阻。

将电压源短路后无源网络如图 2-45（a）所示，应用串并联知识即可求解。

$$R_0=3//6+8=[3\times6/(3+6)]+8=10\Omega$$

（3）画出对应等效电压源支路，如图 2-45（b）所示。

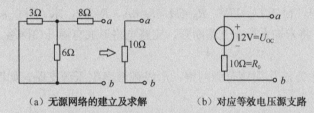

（a）无源网络的建立及求解　　　　（b）对应等效电压源支路

图 2-45　例 32 图

【例33】 利用戴维南定理化简多电源开口网络。

电路如图 2-46（a）所示，求最简有源二端网络，已知 $U_{S1}=25V$，$U_{S2}=45V$，$R_1=9\Omega$，$R_2=6\Omega$。

【解】（1）求开口电压 U_{OC}。

图 2-46（a）中 a、b 间开路，故两个恒压源串联等效电压为

$$U_S=U_{S2}-U_{S1}=45-25=20V$$

串联回路电流为

$$I=U_S/(R_1+R_2)=20/(9+6)=4/3A$$

开口电压为

$$U_{OC}=R_1I+U_{S1}=9\times4/3+25=37V$$

（2）求无源网络等效电阻。

将 2 个电压源同时短路得到图 2-46（b），对应的无源网络的等效电阻为

$$R_0=R_1R_2/(R_1+R_2)=9\times6/(9+6)=3.6\Omega$$

（3）最简支路如图 2-46（c）所示。

笔记

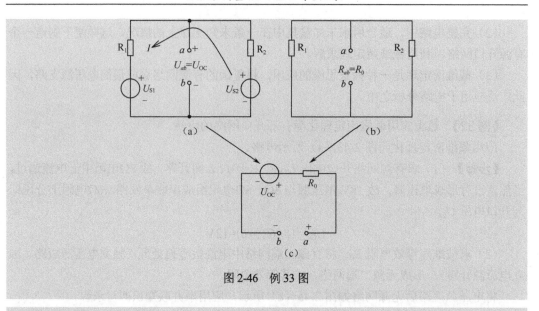

图 2-46 例 33 图

【例 34】 熟悉求解完整电路中某一条支路电流的步骤。

在完整电路中，如果响应集中于某一条支路中，也可以利用戴维南定理求解。

图 2-47（a）中，已知 U_S=27V，R_S=6Ω，I_S=6A，R=3Ω，求 I 和 U_{AB}。

【步骤】 （1）将未知量所在支路断开，完整电路形成有源开口网络，如图 2-47（b）中左图所示。

（2）按例 32 中方法化简该有源网络，形成戴维南电压源支路，如图 2-47（b）中右图所示。

（3）将断开的未知量所在支路（见图 2-47（c））与戴维南电压源支路（见图 2-47（b））对应接入，形成等效串联单回路（见图 2-47（d）），并求解。

【解】 （1）求开口电压 U_{OC}：按照图 2-47（b），电流源 I_S 和电压源 U_S、R_S 形成串联回路，A、B 两点间电压即为开口电压，U_{OC}=U_S+$I_S R_S$=27+6×6=63V。

（2）求无源网络等效电阻：按照图 2-47（b），电压源短路、电流源开路后的无源网络中，等效电阻 R_S=6Ω。

（3）求未知量：按照图 2-47（d），I=$U_{OC}/(R_S+R)$=63/(6+3)=7A，U_{AB}=RI=3×7=21V。

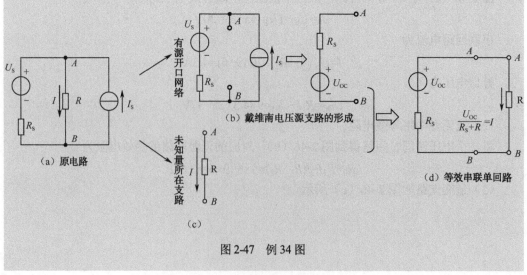

图 2-47 例 34 图

【例 35】 利用戴维南定理求解复杂电路中某一条支路电流。

求解图 2-48（a）中流经 R_3 的电流 I。

笔记

【解】 ① 先将所求响应支路断开，如图 2-48（b）所示，形成有源二端网络，再求其开口电压 U_{OC}。

图 2-48（b）中，开口后形成左右两个单回路，右边的为无源回路因此没有电流通过，左边的为有源单回路，其回路电流 $I_1=(U_{S1}-U_{S2})/(R_1+R_2)=4/4=1A$，故 a、b 间电压即开口电压 $U_{OC}=R_2I_1+U_{S2}=2\times1+8=10V$。

② 图 2-48（c）中，求对应的等效电阻 R_0：将 U_{S1} 和 U_{S2} 以短路线替代形成对应的无源网络，$R_0=R_1//R_2+R_4//(R_5+R_6)=1+5=6\Omega$。

③ 将电压源支路与所求响应支路合并为单回路求解。如图 2-48（d）所示，$I=U_{OC}/(R_3+R_0)=0.5A$。

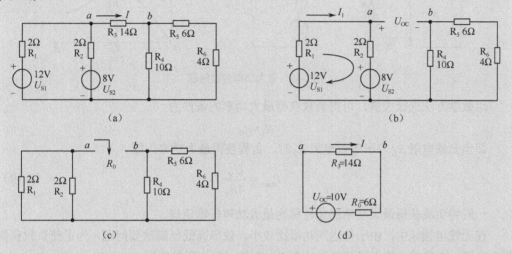

图 2-48 例 35 图

【小结】 该图结构复杂、元件多，有 5 条支路、3 个节点、3 个网孔，8 个元件，当断开未知量支路后，形成的有源网络却只有一个独立工作的单回路，进行结构分析后就简单明了。

知识链接 4 最大功率传输问题

在设计从电源到负载功率传输系统的方案时，电路分析方法有着重要的作用。下面用系统的两种基本类型来讨论功率传输问题。

第一种基本类型强调功率传输的效率，发电站系统就是例子。发电站系统与产生、传输、分配大量的电功率有关，如果发电站系统效率低，产生的功率将有很大的比例损耗在传输和分配过程中。

第二种基本类型强调最大功率传输，通信和仪器系统最能说明问题。因为通过电信号传输信息和数据时，发送器和探测器的有用功率受到限制，因此传输尽可能多的功率到接收器和负载是人们所期望的，传输的效率不是人们主要关心的问题。

现在只考虑系统中的最大功率传输，系统的模型以纯电阻电路为例。

有源二端网络中，当所接负载不同时，传输给负载的功率也不同。下面讨论：负载电阻为何值时，从有源二端网络中获得的功率最大？

如图 2-49（a）所示，A 为一有源二端网络，R_L 为负载。根据戴维南定理，将任意一个有源二端网络用等效电压源支路来表示，如图 2-49（b）所示，于是有源二端网络的输出功率即负载电阻 R_L 上消耗的功率为

$$P = I^2 R_L = \frac{R_L U_S^2}{(R_0 + R_L)^2}$$

由上式可知：若 R_L 过大，则流过 R_L 的电流就过小；若 R_L 过小，则负载电压就过小，此时都不能使 R_L 上获得最大功率。在 $R_L=0$ 与 $R_L \to \infty$ 之间将有一个电阻值可使负载获得最大功率。

当负载电阻可变时，可得 P 随 R_L 变化的曲线，如图 2-49（c）所示。

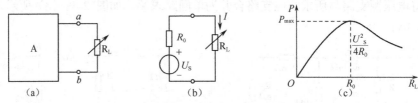

图 2-49　最大功率传输问题

用数学方法求极大值，可得负载获得最大功率的条件为

$$R_L = R_0$$

即当负载电阻 R_L 等于等效电阻 R_0 时，负载获得最大功率，即

$$P_{max} = \frac{U_S^2}{4R_0} \tag{2-19}$$

一般将负载获得最大功率的条件称为最大功率传输定理。

在无线电领域中，由于传送的功率比较小，效率高低已属次要问题，为了使负载获得最大功率，电路的工作点尽可能设计在 $R_L=R_0$ 处，称为阻抗匹配。

在电力系统中，输送功率很大，效率是第一位的，故应使等效电阻远小于负载电阻，不能要求阻抗匹配。

【例36】 利用戴维南定理求解最大功率传输问题。

（1）电路如图 2-50（a）所示，负载取何值时能获得最大功率？

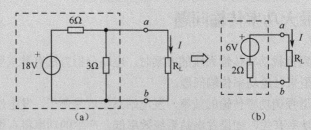

图 2-50　例 36 图

【解】 将负载以外的电路视为一个整体，为一个有源二端网络，则可以用戴维南定理求解其等效网络，如图 2-50（b）所示。

$$U_{OC} = 18 \times 3/(6+3) = 6V$$

$$R_0 = 6//3 = 2\Omega$$

故负载 R_L 必须为 2Ω，才能获得最大功率。

（2）负载获得的最大功率是多少？

【解】
$$P_{max}=U^2_{OC}/4R_0=6^2/8=4.5W$$

（3）负载获得的最大功率占 18V 电压源输出功率的多少？

【解】 在图 2-50（a）中，$P_{max}=4.5W=I^2R_L=2I^2$，故 I=1.5A。

由并联分流公式可得，电压源中电流为 1.5×(3+2)/3=2.5A。

故 18V 电压源的输出功率为 18×2.5=45W。

电压源输出功率释放到负载上的百分比为(4.5/45)×100%=10%。

可见，虽然负载上获得了最大功率，但电能的转换效率其实是很低的。

技能拓展 1 受控源电路

【技能目标】 实际电路中有一种元件的响应参数并不独立，而是受其他响应的控制而存在的，下面讲述如何抽象这一类元件的特征，分析其电路。

一、何谓受控源

前面介绍的都是独立电源，即其参数是给定量。而在实际中还会出现另外一种电源，其电压、电流参数会受到电路中其他部分电压或者电流的控制，因此称为受控源，又称非独立电源。

独立源作为电路输入，表示外界对电路的作用，即独立源在电路中起着"激励"作用，它的存在才能使电路中产生电流、电压和功率。而受控源表示某处电压或电流控制另一处电压或电流的能力，并不起"激励"作用，所以它并不是真正的电源，因此其模型符号为菱形，而非独立源的圆形。

二、受控源类型

受控源是一种具有两条支路的四端元件。其中一条支路是电压源或电流源，另一条支路开路或短路，而电压源或电流源的数值受控于开路电压或短路电流，故有四类，电压控制电压源（VCVS）、电压控制电流源（VCCS）、电流控制电压源（CCVS）、电流控制电流源（CCCS），如图 2-51 所示。

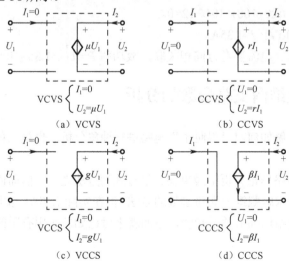

图 2-51 受控源类型

四类受控源，在受控端与控制端之间的转移关系分别用 4 个系数 μ、g、r、β 来表示。

（1）$\mu=U_2/U_1$ 为电压控制电压源的转移电压比。

（2）$g=I_2/U_1$ 为电压控制电流源的转移电导。

（3）$r=U_2/I_1$ 为电流控制电压源的转移电阻。

（4）$\beta=I_2/I_1$ 为电流控制电流源的转移电流比。

当这些系数为常数时，受控源称为线性受控源。

三、分析方法

分析含有受控源的电路时，需要注意：

（1）受控电压源的端电压或受控电流源的输出电流只随其控制量的变化而变化，若控制量不变，受控电压源的端电压或受控电流源的输出电流将不会随外电路的变化而变化。即受控源在控制量不变的情况下，其特性与独立源相同。

（2）由独立源推导出的结论，也适用于受控源。

（3）在对含受控源电路进行分析时，受控源的控制量所在支路必须保留，且不允许有任何改变。因此，含有受控源的电路一般不能进行等效变换改变电路图。

（4）通常，会以受控源的控制量为中间变量，从而求解。

【例 37】 了解求解含受控源电路的一般步骤及思路。

如图 2-52 所示，求受控源中电流、端电压 U_{cb} 及其功率。

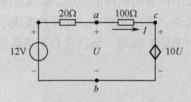

图 2-52　例 37 图

【解】 要求 U_{cb}，先要求出控制量 U，因此将 U 视为中间变量。

电路中只有一个回路，因此可以用 KVL 和欧姆定律求解。

两点间电压 $U=U_{ab}=U_{ac}+10U$，故 $U_{ac}=-9U=100I$，$I=-9U/100$。

回路电压方程：$I(20+100)+10U-12=0$。

将 I 代入：$U=-15\text{V}$，$I=1.35\text{A}$。

由于受控源电压、电流参考方向相关联，故功率 $P=IU_{cb}=1.35\times10\times(-15)=-202.5\text{W}$。

技能拓展 2　戴维南支路参数的分析

【技能目标】 了解如何对"黑匣子"电路进行抽象分析，也是工程实践中必备的专业技能之一。

戴维南定理是电路理论分析中最重要、最有效的方法之一。前面讲述了在已知有源网络内部结构的条件下求解戴维南支路参数的方法，但在实际工作中，实际有源网络犹如"黑匣子"一样，里面的结构细节并不知晓，下面就来讨论如何运用有限的外部手段获得戴维南支路参数。

【例38】　用短路电流法求等效电阻。

如图 2-53 所示，有源二端网络 A 犹如"黑匣子"一般，不知道其内部结构，但只需要三步就能得到其戴维南支路参数。

（1）开口端接上电压表（内阻视为无穷大，开路），测得开口电压 U_{OC}。

（2）开口端接上电流表（内阻视为 0，短路），测得短路电流 I_{SC}。

（3）等效电阻 $R_0=U_{OC}/I_{SC}$。

笔记

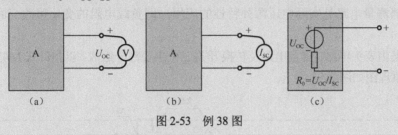

图 2-53　例 38 图

【例39】　用外加负载法求解戴维南支路。

如图 2-54 所示为有源二端网络 A。

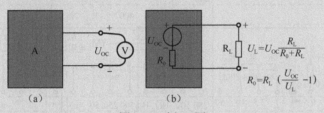

图 2-54　例 39 图

（1）开口端接上电压表，测得开口电压 U_{OC}。

（2）开口端接上已知阻值的负载 R_L，测得其端电压 U_L。

（3）由串联分压的 U_{OC} 和 U_L 关系导出等效电阻 $R_0=R_L[(U_{OC}/U_L)-1]$。

【头脑风暴】

1．怎样理解实际电源的带负载能力与内阻的关系？

2．讨论：有源开口网络等效电阻能直接用欧姆表测得吗？

3．叠加定理所体现的化繁为简、各个击破的思路，在哪些方面还有体现？

4．你能应用相关数学知识推导出最大功率传输定理吗？

5．实际电源等效变换法和戴维南定理都可以实现对有源网络的化简，思路上有什么差异呢？

课堂随测-有源
网络分析

扫码看答案

项目总结与实施

一、理论阐述

1. 万用表简述

万用表又称为复用表、多用表、三用表、繁用表等，是常用的测量仪表，一般万用表可测量直流电流、直流电压、交流电流、交流电压、电阻和音频电平等，有的还可以测量

笔记

电容量、电感量及半导体的一些参数（如 β）等，但测量电压、电流和电阻为其主要功能。而指针式万用表正是电路基础理论的典型应用实例。

电压表量程扩展电路是串联分压特性的应用，即串联电阻越大分压越大，通过串联不同阻值可得到不同的电压量程。

电流表量程扩展电路是并联分流特性的应用，即并联电阻越小分流越大，通过并联不同阻值可得到不同的电流量程。

欧姆挡测量电路是实际电压源外特性的应用，即负载电阻的变化可改变回路电流的大小。

万用表由表头电路、测量电路及转换开关三个主要部分组成。以指针式 M47 型万用表为例，其原理图如图 2-55 所示。

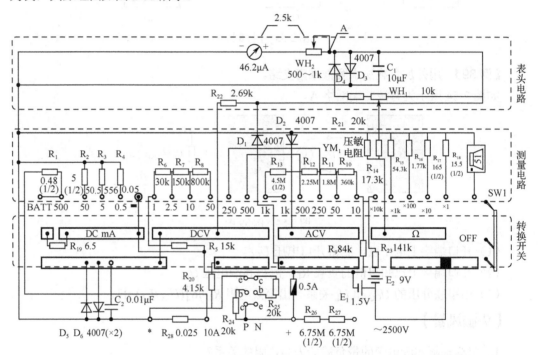

图 2-55　指针式 M47 型万用表原理图

指针式万用表的显示部分是一个动圈式表头。在测量过程中，在通过直流电流时，由于磁场的作用，与表头中动圈相连的指针会随着动圈在表头刻度盘上一起偏转，从而显示各种测量结果。万用表的表头，是一只高灵敏度的磁电式直流电流表，万用表的主要性能指标基本上取决于表头的性能。表头的灵敏度是指表头指针满刻度偏转时流过表头的直流电流值，这个值越小，表头的灵敏度越高。

转换开关一般是一个圆形拨盘，在开关不断扭转过程中连接各个动触片，对应不同的挡位。

2. 万用表直流电流测量电路分析

① 读图的结构。

从整体原理图中分离出电流测量电路，如图 2-56 所示。电路分为两个部分：表头电路和测量电路。表头电路包含表头支路并联 WH_1 支路，再和 R_{22} 串联。测量电路部分：量程有 10A、500mA、50mA、5mA、0.5mA、0.05mA，包含电阻 R_{28}、R_1、R_2、R_3、R_4，当量程被选中时，分别通过动触片并联在表头电路两端。

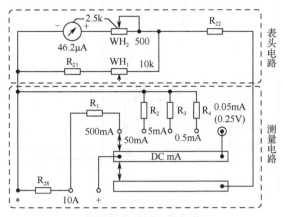

图 2-56 电流测量电路

② 电流测量原理。

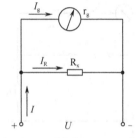

如图 2-57 所示为电流测量原理示意图。表头满偏电流 I_g 一定，内阻 r_g 一定，端电压 U 一定，当并联电阻值 R_x 不同时，端口电流（量程 I）不同。并联先分流，再利用欧姆定律求解。

$$R_x=U/(I-I_g)=I_g r_g/(I-I_g)$$

③ 参数计算。

图 2-57 电流测量原理示意图

表头端电压的计算：表头内阻为 2.5kΩ，满偏电流为 46.2μA，表头端电压=46.2μA×2.5kΩ=0.1155V（欧姆定律）。

R_{22} 电阻参数的计算：因为直流电压 0.25V 挡位和电流 0.05mA 挡位是同一个触点，即表示流过 R_{22} 电流为 0.05mA 时，正负极间电压为 0.25V。故 R_{22} 上电压降为 0.25-0.1155=0.1345V，R_{22}=0.1345V/0.05mA=2.69kΩ。

R_{21} 电阻参数的计算：R_{21} 支路与表头为并联关系，且已知 R_{WH1}=10kΩ，故 R_{21} 中电流为 0.05mA-46.2μA=3.8μA，0.1155V=3.8μA$(R_{21}+10kΩ)$，解得 R_{21}=20kΩ。

量程为 0.5mA 电阻 R_4 参数的计算：此时 R_4 并联在两级中（电压为 0.25V），即 R_4=0.25V/(0.5-0.05) mA≈556Ω。

量程为 5mA 电阻 R_3 参数的计算：R_3=0.25V/(5-0.05)mA≈50.5Ω。

量程为 50mA 电阻 R_2 参数的计算：R_2=0.25V/(50-0.05)mA≈5Ω。

量程为 10A 电阻 R_{28} 参数的计算：R_{28}=0.25V/(10-0.05)mA≈0.025Ω。

量程为 500mA 电阻 R_1 参数的计算：$R_{28}+R_1$=0.25V/(500-0.05)mA≈0.5Ω，故 R_1≈0.48Ω。

3. 万用表直流电压测量电路分析

① 读图的结构。

从整体原理图中分离出电压测量电路，如图 2-58 所示。电路分为表头电路和测量电路两个部分，表头电路和分析电流部分一样。测量电路部分：量程为 50～1V，包含电阻 R_5、R_6、R_7、R_8，当量程被选中时，分别通过动触片串联在表头电路中。

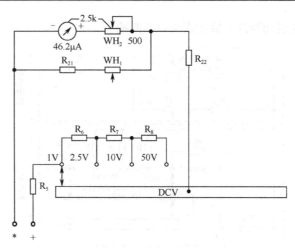

图 2-58　电压测量电路

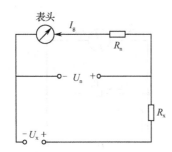

图 2-59　电压测量原理示意图

② 电压测量原理。

如图 2-59 所示为电压测量原理示意图。表头满偏电流 I_g 一定，设相邻上一级量程电压为 U_n，对应电阻为 R_n，当串联电阻值为 R_x 时，其端口电压即为量程 U_x。利用串联分压及欧姆定律求解即可，则 $R_x=(U_x-U_n)/I_g$。

③ 参数计算。

如图 2-58 所示，表头电路部分和分析电流部分一样，电压仍然是 0.25V，电流为 0.05mA。

量程为 1V 的电阻 R_5 参数的计算：$R_5=(1-0.25)V/0.05mA=15k\Omega$。

量程为 2.5V 的电阻 R_6 参数的计算：$R_6=(2.5-1)V/0.05mA=30k\Omega$。

量程为 10V 的电阻 R_7 参数的计算：$R_7=(10-2.5)V/0.05mA=150k\Omega$。

量程为 50V 的电阻 R_8 参数的计算：$R_8=(50-10)V/0.05mA=800k\Omega$。

4．万用表电阻测量电路分析

① 读图的结构。

从整体原理图中分离出电阻测量电路，如图 2-60 所示，电路分为表头电路和测量电路两个部分。表头电路部分参数已知，WH_1 为欧姆调零电位器，连接其触点的是限流电阻 $R_{14}=17.3k\Omega$。

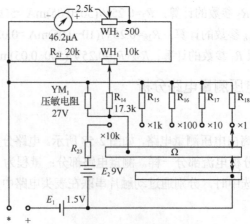

图 2-60　电阻测量电路

测量电路部分：量程有两部分，一部分为低挡×1kΩ、×100Ω、×10Ω、×1Ω，对应电阻 R_{15}、R_{16}、R_{17}、R_{18}，驱动电源为 1.5V 的干电池；另一部分为高挡位×10kΩ，对应电阻 R_{23}，驱动电源为一节 1.5V 电池加一个 9V 干电池。

笔记

② 电阻测量原理。

如图 2-61 所示为电阻测量等效原理图。表头满偏电流 I_g 一定，等效内阻 r 一定，实际回路电流为 I，驱动电源为 E，被测电阻为 R_x，则 $I=E/(r+R_x)$。

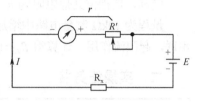

当被测电阻 $R_x=0$ 时，$I=I_g$，为满偏状态，此时为零刻度值。如果电池电压变化，就要调节 R'，这就是欧姆置零的原理。

图 2-61　电阻测量等效原理图

当被测电阻 $R_x \to \infty$ 时，$I=0$，为满刻度状态，欧姆挡指针偏转方向与电压、电流方向相反。显然 R_x 与 I 的值呈非线性变化，这就是欧姆刻度的不均匀性。

当 $R_x=r$，$I=0.5I_g$ 时，读数最准确的挡位位于刻度中心，这就是中值电阻的概念，因此欧姆挡位越接近刻度中心，测量越精准。

每个量程的等效电阻即为其中值电阻。显然，不同量程对应的中值电阻也不同。

M47 型万用表欧姆挡位/中值电阻对应关系：×1Ω/16.5Ω，×10Ω/165Ω，×100Ω/1.65kΩ，×1kΩ/16.5kΩ，×10kΩ/165kΩ。

③ 参数计算。

根据每个量程等效电阻即其中值电阻的设计，分别求解对应参数电阻，且此时电路处于欧姆置零状态（表头满偏）。

表头等效电阻的计算：如图 2-62（a）所示，正负极短接即处于欧姆置零状态，调节 WH_1，使表头处于满偏状态。设调零电位器右侧阻值为 x，那么左侧阻值为 $10-x$。设 1.5V 电池内阻大约为 1Ω（可忽略），限流电阻 $R_{14} \approx 17.3kΩ$，满偏电流 $I_g \approx 46.2μA$。

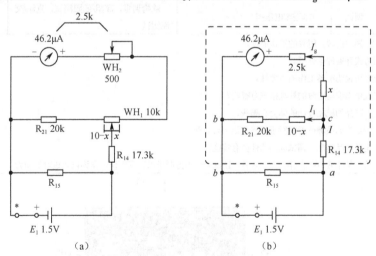

图 2-62　R_{15} 计算等效电路

图 2-62（b）中，要先求 x 值。思路如下：

U_{cb}=表头满偏支路电压=46.2μA×(2.5kΩ+x)=I_1(20+10-x)kΩ。

即可得 I_1 由 x 值确定；由 c 点 KCL 有 $I=I_g+I_1$，即 I 也由 x 确定。

由 U_{ab}=1.5V=$U_{ac}+U_{cb}=IR_{14}+U_{cb}=f(x)$，可以求出 x 值。

由于计算比较复杂，这里只介绍思路，最后求得 $x \approx 6.256kΩ$。那么应用串并联电阻等效变换，可得到表头等效电阻为 23.7kΩ（图 2-62（b）中虚框部分）。

笔记

量程为 1kΩ 的电阻 R_{15} 参数的计算思路：该量程中值电阻为 16.5kΩ=R_{ab}=23.7//R_{15}，故求得 $R_{15}≈54.3$kΩ。

同理，低挡位其他电阻为 $R_{16}≈1.77$kΩ，$R_{17}≈165$Ω，$R_{18}≈15.5$Ω。

量程为 10kΩ 测量电路中增加了一个 9V 电源，则电压降为 10.5V，对应电阻 R_{23} 与 R_{14} 串联，起限流作用，计算得 $R_{23}≈141$kΩ。

二、实操任务书

名称	万用表测量电路的设计、安装、测试				
元器件	指针式 M47 型万用表散件 1 套，万用表 1 台，焊接工具 1 套				
实操记录	序号	子项目	具体内容	具体操作	记录操作过程中出现的问题
	1	理论分析	对照原理图和测量电路，计算参数	（以小组为单位）分工讲解理论知识，并相互提问	
	2	准备	元件清单核对及插装；仔细阅读说明书及焊接图，确定焊接及装配工艺流程，调试好焊接设备	（每人独立完成）电阻色环读数；电容的检测；核对各个小配件及进行插装；按照工艺流程将元器件分类存放；所需焊接工具准备到位	
	3	焊接	焊接	电烙铁上锡；元器件引脚去氧化层；将引脚裁剪到合适高度	
	4	装配	机械部分的装配	动触片安装，旋转开关，装配外壳，安装电池	
	5	调试	电阻挡/电压挡	欧姆调零，高阻/低阻测试，直流/交流测试	
反思及评价	1. 结合理论知识讲解万用表的工作原理。 2. 以小组方式开展理论分析。 3. 以实际经历说明准备工作的重要性。 4. 焊接过程中出现问题时的补救措施有哪些？ 5. 进行电子产品的机械设计的体会有哪些？ 6. 将调试中遇到的故障或者突发事件进行记录与处理。 7. 将一个电子产品装配、调试成功的体会有哪些？ 8. 自我评价：从个人专业素养、人文素养、团队合作等方面予以客观评价，作为自我进阶的动力				
万用表印制板电路图					

科学家的故事

基尔霍夫的故事：科学家成长之路

　　古斯塔夫·罗伯特·基尔霍夫，德国物理学家。1845 年，21 岁的基尔霍夫发表了第一篇论文，提出了稳恒电路网络中电流、电压、电阻关系的两条电路定律，即著名的基尔霍夫电流定律（KCL）和基尔霍夫电压定律（KVL），解决了电气设计中电路方面的难题。为纪念他的伟大贡献，该定律以"基尔霍夫"命名。

　　基尔霍夫一生热爱科学，受到了良好的教育，终生服务于科学研究，在许多领域都取得了成就。

　　基尔霍夫在柯尼斯堡大学读物理，1847 年毕业后去柏林大学任教，3 年后去布雷斯劳做临时教授，1854 年由化学家本生推荐担任海德堡大学教授，1875 到柏林大学做理论物理教授，直到去世。

　　1860 年，基尔霍夫做了用灯焰烧灼食盐的实验。在对这一实验现象进行研究的过程中，他得出了关于热辐射的定律。基尔霍夫根据热平衡理论推导出，任何物体对电磁辐射的发射本领和吸收本领的比值与物体特性无关，是波长和温度的普适函数，即与吸收系数成正比，并由此判断：太阳光谱的暗线是太阳大气中元素吸收的结果。这给分析太阳和恒星成分提供了一种重要的方法，天体物理由于应用光谱分析方法而进入了新阶段。

　　1862 年，他又进一步给出绝对黑体的概念。他的热辐射定律和绝对黑体概念是开辟20 世纪物理学新纪元的关键理论之一。

　　"天才就是百分之一的灵感加百分之九十九的汗水"。科学研究是一个不确定性很大的过程。因为在科研道路上，坚持和汗水不一定能走远，或许就差那百分之一的灵感。基尔霍夫在众多发现中，恰到好处地用了那百分之一的灵感。他的灵感不仅来自于事物本身，而且来自于由事物延伸出去的生活百态。基尔霍夫善于从生活中获取灵感，正是生活中奇妙的事物启发了他，给予他灵感。

　　实践是认识的来源和动力，是检验和认识真理的唯一标准。基尔霍夫的例子就告诉我们，在生活中要善于发现，并通过实践来验证所发现知识的可靠性。

笔记

基础习题详解

难点解析及习题

对本课题中的重、难点知识进行解析，并以例题、练习对应的方式进行学习指导和测试。

1. 电路结构的描述

【例40】 分析如图 2-63 所示电路，指出其节点数、支路数、网孔数。

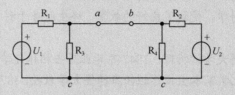

图 2-63 例 40 图

【解】 图 2-63 中 a、b 间是短路线，算一个节点，故节点数=2；独立节点数=节点数-1=1；支路数=4；网孔数=支路数-独立节点数=4-1=3。

【练习1】 指出图 2-64 中支路数、独立节点数、网孔数。

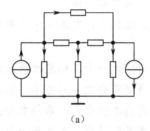
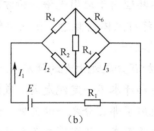
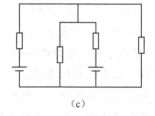

（a）　　　　　　　（b）　　　　　　　（c）

图 2-64 练习 1 图

2. KCL 的应用

难点解析（基尔霍夫定律）

【练习2】 求解图 2-65 所示电路中各个未知电流。

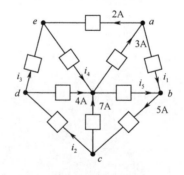

图 2-65 练习 2 图

3. 广义节点 KCL 的应用

【例41】 应用之一：推论电路中某些电流特征。

电路如图 2-66 所示，为什么接地线中电流 I 为 0？

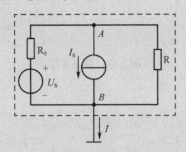

图 2-66　例 41 图

【解】确定封闭曲面（广义节点）如图 2-66 中虚框所示，因为电流有出无入，故 $I_{出}=I_{入}=0$。

【说明】 一个网络中如果只有一条支路相连，则该支路电流必为 0。

【练习3】 图 2-67（a）中，求电压源中通过的电流。

图 2-67（b）中，求证 I_1 和 I_2 的关系（支路电流处处相等）。

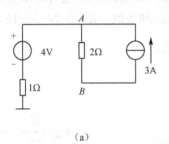
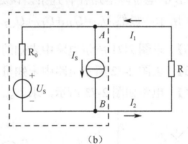

（a）　　　　　　　　　　（b）

图 2-67　练习 3 图

【例42】 应用之二：将复杂问题简单化。

电路如图 2-68 所示，求电流 I_x。

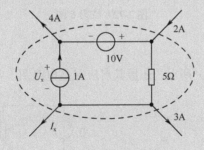

图 2-68　例 42 图

【解】在虚框中确定封闭曲面（广义节点），列 KCL 方程：$2=4+3+I_x$，故 $I_x=2-4-3=-5A$。

【练习4】 电路如图 2-69 所示，已知 $I_1=1A$，$I_2=-2A$，$I_3=3A$，$I_5=5A$。求：（a）图 2-69（a）中 I_6。（b）图 2-69（b）中 I。

笔记

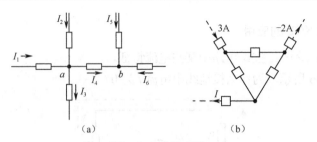

(a)　　　　　　　　　　(b)

图 2-69　练习 4 图

4．KVL 的应用

【例 43】　电路如图 2-70（a）所示，求 U_{AB}。

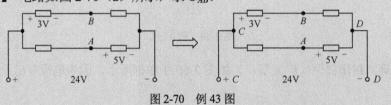

图 2-70　例 43 图

【解】　标注了节点后的电路如图 2-70（b）所示，显然图 2-70（b）更容易描述电压的路径。

从 A 到 B 的电位降落路径有几条，该如何选择呢？通常选择没有未知量的路径。如图 2-70（b）所示，显然 $U_{AB}=U_{AD}+U_{DC}+U_{CB}$，代入已知参数 $U_{AB}=+5-24+3=-16\text{V}$。

【练习 5】　求图 2-71 所示电路中未知的电压值。

【练习 6】　求图 2-72 所示电路中未知量 I、U、R。

【练习 7】　电路如图 2-73 所示，求 U_{ab}。

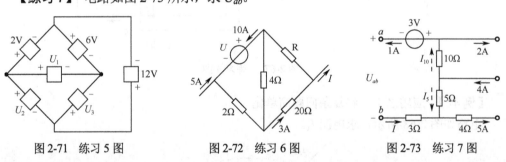

图 2-71　练习 5 图　　　　图 2-72　练习 6 图　　　　图 2-73　练习 7 图

5．电位的计算

【例 44】　如图 2-74（a）所示，还原其对应完整电路图，并求 φ_b。

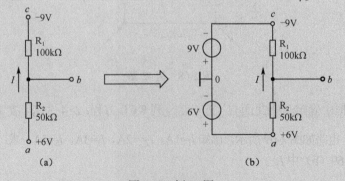

图 2-74　例 44 图

【解】 图中显然有两个恒压源，难点在于无明显的零电位点。b 点如果是零电位点，图中会标注（规范绘图的基本要求）。b 点悬空，故两电阻是串联关系。

只能假设一个零电位点，即两个恒压源连接之处，如图 2-74（b）所示。则有 $U_{ac}=\varphi_a-\varphi_c=6-(-9)=15\text{V}$，故 $I=U_{ac}/(R_1+R_2)=15\text{V}/(100+50)\text{k}\Omega=0.1\text{mA}$，$U_{ab}=IR_2=0.1\text{mA}\times50\text{k}\Omega=5\text{V}=\varphi_a-\varphi_b$，故 $\varphi_b=\varphi_a-U_{ab}=6-5=1\text{V}$。

【练习8】 如果图 2-74（a）所示电路参数不变，设 c 点为零电位点。（1）I 变化吗？（2）U_{ac} 变化吗？（3）求 φ_a，φ_b。

【练习9】 电路如图 2-75 所示，求开关 S 断开和闭合时的 φ_a。

【练习10】 电路如图 2-76 所示，求 φ_A、φ_B。如果 A、B 间以短路线相连或者接一电阻，φ_A、φ_B 会变化吗？

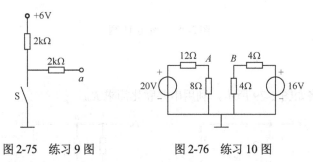

图 2-75 练习 9 图　　　　图 2-76 练习 10 图

6. 弥尔曼定理

【例45】 电路如图 2-77（a）所示，求支路电流。

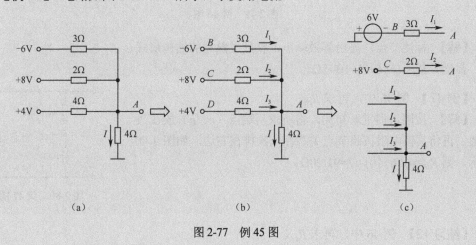

图 2-77 例 45 图

【解】 该图中省略了 3 个恒压源。注意图中电位正值表示该点为电压源正极，零点处为负极。分析该电路结构：仅有 2 个节点，4 条支路，其中有 3 条实际电压源支路，1 条电阻支路。因此要求 4 个支路电流，如图 2-77（b）所示为标注的参考方向。

首先应用弥尔曼定理求解节点电位即 φ_A。

$\Sigma I_{si}=-6/3+8/2+4/4=3\text{A}$，$\Sigma G_i=1/3+1/2+1/4+1/4=4/3\text{S}$，$\varphi_A=\Sigma I_{si}/\Sigma G_i=9/4\text{V}$，则应用欧姆定律得 $I=\varphi_A/4=9/16\text{A}$。

如图 2-77（c）所示为求解 3 条电压源支路电流的分解图。方法一：应用两点间 KVL、欧姆定律得 $\varphi_A=-3I_1-6=9/4\text{V}$，解得 $I_1=-11/4\text{A}$。方法二：应用两点间电位差即电压、欧姆定

律得 $U_{CA}=\varphi_C-\varphi_A=8-9/4=23/4V=2I_2$，解得 $I_2=23/8A$。方法三：应用节点 KCL 得 $I_3=I-I_2-I_1=$9/16-23/8-(-11/4)= 7/16A。

【练习11】 电路如图 2-78 所示，应用弥尔曼定理，求：（a）图 2-78（a）中 I、恒流源/恒压源功率；（b）图 2-78（b）中 φ_A。

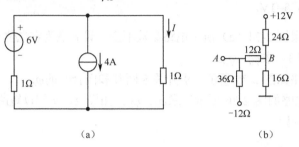

图 2-78　练习 11 图

7. 等效电阻

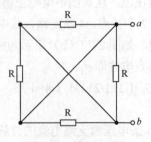
难点解析（纯电阻的等效）

【例46】 电路如图 2-79 所示，利用串并联化简求 R_{ab}。

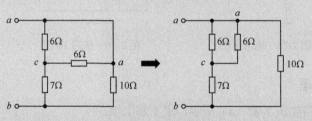

图 2-79　例 46 图

【解】 标注节点，提出等效端点，整理成熟悉的结构形式。

显然，$R_{ab}= (6//6+7)//10=5\Omega$。

【例47】 例 46 中，再求 R_{cb}。

【解】 按照习惯重新布局，将所求两端点（c、b）放在最左边，再将其他电阻按照节点关联性依次排在右边，如图 2-80 所示，则 $R_{cb}=(6//6+10)//7=91/20\Omega$。

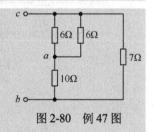

图 2-80　例 47 图

【练习12】 例 46 中，再求 R_{ac}。

【练习13】 电路如图 2-81 所示，求 R_{ab}。

图 2-81　练习 13 图

【练习 14】　电路如图 2-82 所示，利用 Y/△化简求 R_{AB}。

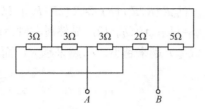

图 2-82　练习 14 图

【练习 15】　电路如图 2-83 所示，利用电桥平衡化简求 R_{ab}。

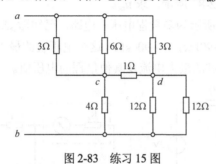

图 2-83　练习 15 图

【例48】　电路如图 2-84 所示，用伏安法求等效电阻 R_{ab}。

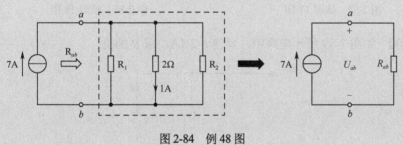

图 2-84　例 48 图

【解】　虽然有些元件参数未知，但 3 个电阻是并联关系，一个电阻、电流均已知，则并联端电压可知，以伏安法求解。

$U_{ab}=2\times1=2V$，故 $R_{ab}=U_{ab}/7=2/7\Omega$。

【练习 16】　电路如图 2-85 所示，求电阻 R_i。

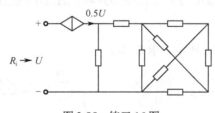

图 2-85　练习 16 图

8. 串并联电路的分析

【例49】　分析分压器电路。如图 2-86 所示，滑动触点从 a 滑到 b，分析对应的 φ_a、φ_b 的变化。

笔记

【解】 $U_{cd}=\varphi_c-\varphi_d=12-(-12)=24$V，3 个电阻串联分压，则

$$U_{ca}=U_{cd}R/(R+R_{ab}+R)=24R/(2R+R_{ab})=U_{bd}$$

而 $\varphi_a=-U_{ca}+\varphi_c=12-U_{ca}$，$\varphi_b=U_{bd}+\varphi_d=U_{bd}-12$，显然滑动触点从 a 滑到 b，R_{ab} 越来越大，故 U_{ca}（U_{bd}）越来越小，φ_a 越来越大，而 φ_b 越来越小。

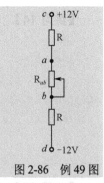

图 2-86 例 49 图

【练习 17】 电路如图 2-87 所示，求 u_{oc}。

【练习 18】 如图 2-88 所示为多量程电压表电路，已知微安表内阻为 $R_g=1$kΩ，各挡分压电阻分别为 $R_1=9$kΩ，$R_2=90$kΩ，$R_3=900$kΩ，这个电压表的最大量程（用端子 0、4 测量）为 500V。计算表头允许通过的最大电流及其他量程的电压值。

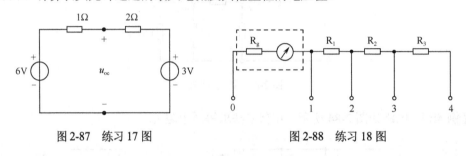

图 2-87 练习 17 图　　　　　　　图 2-88 练习 18 图

【例 50】 如图 2-89 所示电路中，要使 $I=2/3$A，求 R 的值。

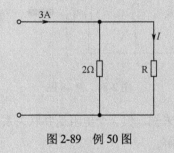

图 2-89 例 50 图

【解】 由并联分流公式 $I=3\times2/(2+R)=2/3$A，故 $R=7$Ω。

【练习 19】 有 2 个阻值比为 1:2 的电阻并联，通过小阻值的电流为 1A，则端口电流为多少？

【例 51】 电路如图 2-90 所示，求 U 和 I。

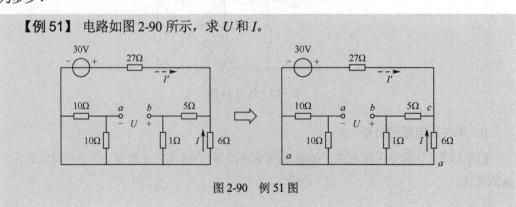

图 2-90 例 51 图

笔记

【结构分析】 a、b 间开路，故 2 个 10Ω 电阻中无电流（可视为去掉），故 a 点标注如图所示，同时与 b 点相连的 1Ω 和 5Ω 电阻串联再并接 6Ω 电阻。

【解】 $R_{ca}=6//(1+5)=3Ω$，故大串联单回路电流 $I'=30/(27+3)=1A$，并联分流得 $I=I_{ac}=I_{bc}=-0.5A$，$U=U_{ba}=5I_{bc}-27I'+30=-0.5×5-27×1+30=0.5V$。

【练习 20】 电路如图 2-91 所示，$E=6V$，$R_1=6Ω$，$R_2=R_4=3Ω$，$R_3=4Ω$，$R_5=1Ω$，求 I_3 和 I_4。

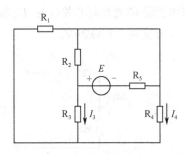

图 2-91　练习 20 图

9．电桥电路的分析

【例 52】 求图 2-92 中各支路电流。

【解】 因为阻值比 $4:2=6:3$，故此时电桥平衡，$I_{ab}=0$，a、b 间视为断路，由并联分流得

$$I_{ca}=I_{ad}=10×(6+3)/(4+2+6+3)=6A$$

由 KCL 得 $I_{cb}=I_{bd}=10-I_{ca}=4A$。

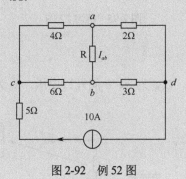

图 2-92　例 52 图

【练习 21】 电路如图 2-93 所示，$\varphi_c=0$。（1）滑动触点处于什么位置时，$I_{ab}=0$，此时 $\varphi_a=?$ $U_{ab}=?$ （2）滑动触点处于 a 点时，I_{ab} 还为 0 吗？

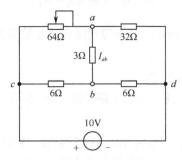

图 2-93　练习 21 图

10. 实际电源等效变换

【**例53**】 化简图2-94所示电路。

【**解**】 （1）确定转换网络：由4A电流源与$(4+5)\Omega$电阻组成的实际电流源网络和外部电路串联，故将电流源转换为电压源。

（2）模型转换：在对应端点间去掉电流源转换为电压源。

（3）大小转换：9Ω内阻不变，$U_S=4\times9=36V$。

（4）极性对应（电压源与电流源参考方向非关联）：U_S极性为上负下正。

（5）串联合并得到最简电压源支路：$13\Omega/39V$。

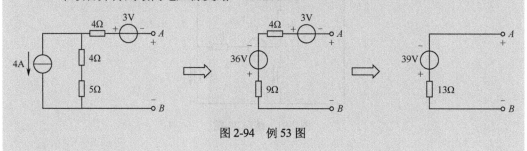

图2-94 例53图

【**练习22**】 化简图2-95所示电路。

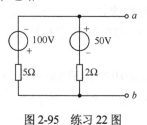

图2-95 练习22图

难点解析（戴维
南定理）

11. 戴维南定理

【**指导**】 如图2-96所示，U_{OC}为a、b间开口电压，R_0为视电压源短路、电流源开路后得到的无源网络等效电阻。

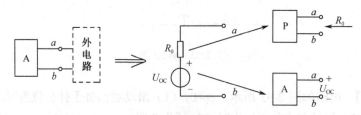

图2-96 戴维南定理例图

【**例54**】 电路如图2-97所示，该有源网络应该匹配多大的负载电阻，才获得最大输出功率？$P_{max}=?$

【**解**】 （1）首先明确化简目标。

（2）求U_{OC}。当a、b间开路，三条支路并接于a、b两个节点之间，故求$U_{OC}=U_{ab}$可以直接应用弥尔曼定理。

$$U_{OC}=U_{ab}=(10/2+4)\times(2\times4)/(2+4)=12V$$

（3）求R_0。电压源短路、电流源开路后即为两并联电阻网络，故$R_0=2//4=4/3\Omega$。

（4）求 $P_{\max}$。显然，当外接负载电阻 $R_L = R_0 = 4/3\Omega$ 时，$P_{\max} = U_{\mathrm{OC}}^2/4R_0 = 27\mathrm{W}$。

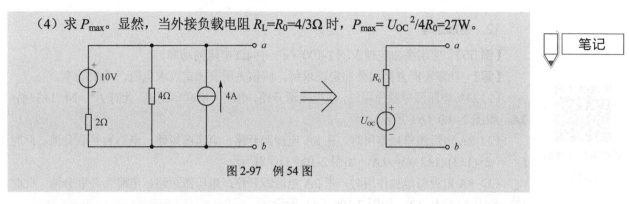

图 2-97　例 54 图

【练习23】 利用戴维南定理化简图 2-98。

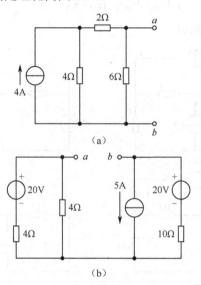

（a）

（b）

图 2-98　练习 23 图

【练习24】 电路如图 2-99 所示，请问负载取何值才能获得最大功率？此时负载的端电压、电流、功率各是多少？

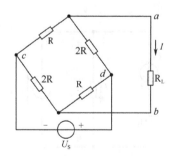

图 2-99　练习 24 图

【练习25】 如果测得有源二端网络开口电压为 100V；当外接 90Ω 负载时，测得其端电压为 90V，求该网络的等效戴维南支路。

【练习26】 有源二端网络，当外接 20Ω 负载时，测得其端电压为 100V；当外接 50Ω 负载时，测得其端电压为 200V。求该网络的等效戴维南支路。

笔记

12. 叠加定理

【例55】 应用叠加定理求图2-100（a）中4Ω电阻的功率。

【解】 功率不能直接用叠加定理求解，应该先用叠加定理求电流，再求功率。

（1）24V电压源单独作用时，视电流源开路，电路为串联单回路，此时 $I^{(1)}=24/(1+3+4)=$ 3A，如图2-100（b）所示。

（2）2A电流源单独作用时，视8A电流源开路，电压源短路，电路为并联分流，此时 $I^{(2)}=-2\times(1+3)/(1+3+4)=-1A$，如图2-100（c）所示。

（3）8A电流源单独作用时，视2A电流源开路，电压源短路，电路为并联分流，此时 $I^{(3)}=8\times1/(1+3+4)=1A$，如图2-100（d）所示。

（4）同时作用时，$I=I^{(1)}+I^{(2)}+I^{(3)}=3-1+1=3A$。

（5）功率 $P=4I^2=4\times3^2=36W$。

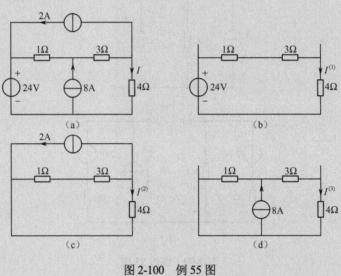

图2-100　例55图

【练习27】 电路如图2-101所示，已知 $U_S=4V$，$I_S=4A$，$R_S=2Ω$，$R=2Ω$，应用叠加定理求 I 及恒流源功率。

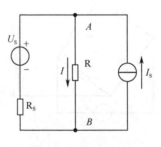

图2-101　练习27图

进阶习题

【练习28】 电路如图2-102所示，求 a、b 间的等效电阻。

【练习29】 在图2-103中，已知 $R_1=R_2=R_3=R_4=300Ω$，$R_5=600Ω$，试求开关S断开和闭合时 a、b 间的等效电阻。

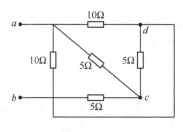

图 2-102　练习 28 图

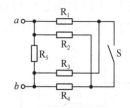

图 2-103　练习 29 图

【练习 30】　电路如图 2-104 所示，求 a、b 间的等效电阻。

【练习 31】　求图 2-105 所示电路的等效电阻 R_{ab}、R_{ac} 和 R_{cd}。

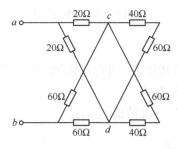

图 2-104　练习 30 图

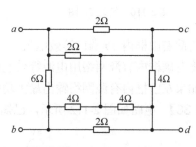

图 2-105　练习 31 图

【练习 32】　电路如图 2-106 所示，已知 $I=0.5A$，试求 U_S。

【练习 33】　多量程电流表电路如图 2-107 所示。已知表头内阻 R_g 为 1500Ω，满偏电流为 200μA，若扩大其量程为 500μA、1mA、5mA，试计算分流电阻 R_1、R_2、R_3 的值。

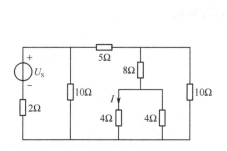

图 2-106　练习 32 图

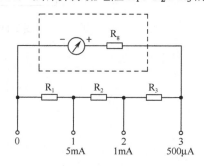

图 2-107　练习 33 图

【练习 34】　如图 2-108 所示电路中，$U_S=4V$，$I_S=2A$，$R_1=1Ω$，$R_2=3Ω$，$R_3=6Ω$，$R_4=4Ω$，欲使开关 K 打开或闭合时电路状态保持不变，电阻 R_x 应选何值？

【练习 35】　如图 2-109 所示电路中，N_R 为无源网络，当 $I_S=4A$，$U_S=3V$ 时，$I=6A$；当 $I_S=2A$，$U_S=0$ 时，$I=2A$。求当 $I_S=-8A$，$U_S=4V$ 时，$I=?$

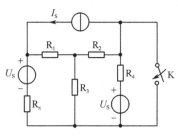

图 2-108　练习 34 图

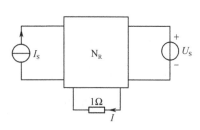

图 2-109　练习 35 图

笔记

【**练习 36**】　电路如图 2-110 所示，应用本课题中多种分析方法求解 I_3。

【**练习 37**】　电路如图 2-111 所示，按要求作答。

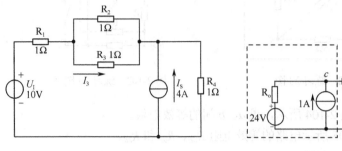

图 2-110　练习 36 图　　　　　　　图 2-111　练习 37 图

（1）化简右虚框内 ab 端口等效电阻。

（2）将左虚框内有源网络用电源等效互换的方法化简，并绘制化简后的电路图。

（3）如果左虚框内有源网络输出最大功率，则 $R_0=$？

【**练习 38**】　电路如图 2-112 所示，已知 $u=5V$，求 i 的值。

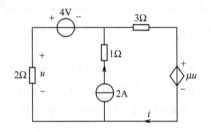

图 2-112　练习 38 图

课题三　正弦交流电路的分析

 项目导入：日光灯照明电路

 项目描述

　　我们日常生活中最熟悉和最常用的照明电器是日光灯，其发光效率高、使用寿命长、光色较好、经济省电，被广泛使用。日光灯照明电路采用单相正弦交流电供电，要学会日光灯照明电路的线路连接和工作原理，就有必要掌握正弦交流电的电路分析方法。以此项目为驱动，需要深入了解什么是正弦交流电及其相量描述方法，还需要掌握正弦交流电路分析方法，学以致用，量化分析日光灯照明电路。

 问题导入

任务一　描述正弦交流电

　　日光灯作为用电设备，采用单相正弦交流电供电，要根据交流电的性质来进行分析。

知识链接 1　正弦交流电的描述

1. 什么是正弦交流电（AC）

　　在交流电路中，电流和电压的大小和方向均随时间按正弦规律周期性变化，这样的电压和电流分别称为正弦电流、正弦电压，统称为正弦交流电。

　　在图 3-1（a）、（b）中，电流和电压的方向不变，称为大小脉动的直流电；在图 3-1（c）、（d）中，电流和电压的大小、方向均变化，称为交流电；其中图 3-1（d）所示波形按正弦规律变化，就是本书的研究对象：正弦交流电。

认识正弦交流电

2. 正弦交流电的瞬时值表达式及波形

　　描述正弦交流电对时间的变化规律的表达式称为正弦交流电的瞬时值表达式。一个完整的正弦交流电信号的瞬时值表达式为（以电流信号为例）

$$i(t) = I_m \sin(\omega t + \varphi) \tag{3-1}$$

式中，$i(t)$ 为瞬时值，I_m 为振幅值，ω 为角频率，φ 为初相位。如图 3-2 所示为正弦交流电的波形。

笔记

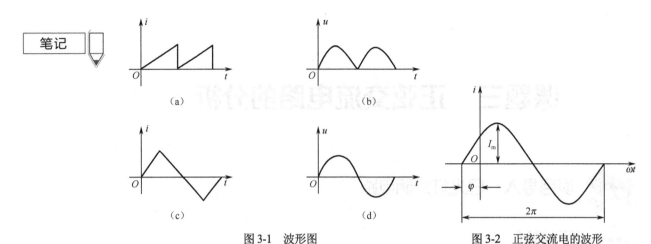

图 3-1 波形图

图 3-2 正弦交流电的波形

【头脑风暴】

1. 交流电类型很多，为什么日常说的交流电就是指正弦交流电？

2. 正弦波是如何产生的？

知识链接2 正弦波的三要素

一个完整的正弦量，必须具备 3 个要素，即振幅值、角频率和初相位。下面就分别来了解它们的特点。

1. 正弦波的大小

可以有 5 种值来表示正弦波的电压或者电流值，它们是瞬时值、峰值（振幅值、最大值）、峰峰值、有效值（均方根值）和平均值。

（1）瞬时值

在正弦波上任意时间点，电压（或者电流）具有瞬时值，曲线上不同点的瞬时值都不同。在正向区间内瞬时值为正，在负向区间内瞬时值为负。电压和电流的瞬时值分别用小写字母 u 和 i 表示。图 3-3 所示的曲线表示电压，当用 i 代替 u 时，曲线表示电流。瞬时电压在 1μs 时为 3.1V，在 2.5μs 时为 7.07V，在 5μs 时为 10V，在 10μs 时为 0V，在 11μs 时为 -3.1V。

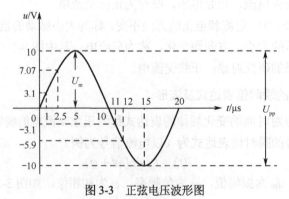

图 3-3 正弦电压波形图

（2）峰值（振幅值、最大值）

正弦波瞬时值中最大的值称为峰值，也称最大值或振幅值。对于给定正弦波，峰值恒定，用大写字母加下标 m 表示，如用 U_m 和 I_m 分别表示电压最大值和电流最大值。图 3-3 中，峰值电压为 10V。

（3）峰峰值

峰峰值表示的是正向峰值与负向峰值间的电压（或者电流）的差值。峰峰值为峰值的两倍，用 U_{pp} 或者 I_{pp} 表示。图 3-3 中，峰峰值为 20V。

（4）有效值（均方根值）

有效值也称为均方根值。万用表测量的交流电压（电流）的大小一般都是有效值。一般所讲的正弦电压或电流的大小，如交流电压 380V 或 220V，都是指它的有效值。常用的交流测量仪表指示的读数、电气设备的额定值都是指有效值，但各种元器件和电气设备的耐压值则按最大值来考虑。

正弦波电压的有效值实际上是正弦波热效应的度量。设周期电流 i 和恒定电流 I 通过同样大小的电阻 R，如果在周期电流 i 的一个时间周期内，两个电流产生的热量相等，就平均效应而言，两者的作用是相同的，该恒定电流 I 称为周期电流 i 的有效值。有效值都用大写字母表示，和表示直流的字母一样。有效值与最大值关系为

$$
\begin{cases}
I_m = \sqrt{2}I \\
U_m = \sqrt{2}U \\
E_m = \sqrt{2}E
\end{cases}
\qquad
\begin{cases}
I = \dfrac{I_m}{\sqrt{2}} = 0.707I_m \\
U = \dfrac{U_m}{\sqrt{2}} = 0.707U_m \\
E = \dfrac{E_m}{\sqrt{2}} = 0.707E_m
\end{cases}
\tag{3-2}
$$

（5）平均值

工程上有时还用到平均值这一概念。取正弦波完整的一个周期，正弦波的平均值总为零，因为正值（零以上）与负值（零以下）相抵消。对于正弦波电压和电流，以峰值表示的平均值为

$$I_{av} \approx 0.637I_m$$
$$U_{av} \approx 0.637U_m$$

用来测量交流电压、电流的全波整流系仪表，其指针的偏转角与所通过电流 I 的平均值成正比，而标尺则是按有效值刻度的，两者的关系为

$$I = \frac{I_m}{\sqrt{2}} \approx 1.11I_{av}$$

【例1】　正弦量大小的表示。

确定图 3-4 所示正弦波的 U、U_m、U_{pp} 和 U_{av}。

【解】　根据图可直接得出结论：$U_m=5V$，则可得

$$U_{pp}=2U_m=10V$$
$$U \approx 0.707U_m=3.535V$$
$$U_{av} \approx 0.637U_m=3.185V$$

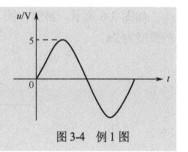

图 3-4　例 1 图

2．正弦波的快慢

表征正弦波快慢的物理量可以是周期、频率、角频率，下面将详细解读其含义及相互间的关系。

（1）周期

正弦交流电完成一次循环所需的时间称为周期，用符号 T 表示，单位为秒（s）。

正弦电流或电压相邻的两个最大值（或最小值）之间的时间间隔即为周期。如图 3-5 所示，可以看到周期 T 的取值方式很多，可以是峰值至峰值之间，也可以是零值至零值之间，只要是一个完整周期即可。

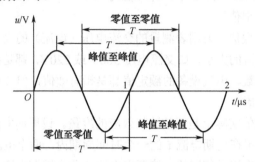

图 3-5 正弦波的周期测量方法

（2）频率

频率（用符号 f 表示）是指正弦波在一秒内完成的周期的数目，表征交流电交替变化的快慢，即

$$f = \frac{1}{T} \tag{3-3}$$

周期和频率表示正弦量变化的快慢，两者互为倒数。周期越短，频率越高，反之亦然。直流电也可以看成 $f=0$（$T \to \infty$）的正弦量。频率（f）的度量单位是赫兹（Hz）。1Hz=1 周/秒。

我国和世界上大多数国家采用 50Hz 作为电力工业的标准频率（美、日等国家采用60Hz），习惯上称为工频。

（3）角频率

正弦交流电每变化一个周期，交流电的电角度变化 2π 或 $360°$。单位时间（即 1s）内正弦交流电变化的电角度叫作角频率，用符号 ω 表示，单位是弧度/秒（rad/s）。角频率与频率之间的关系为

$$\omega = \frac{2\pi}{T} = 2\pi f \tag{3-4}$$

如图 3-6 所示，显然，图 3-6（b）中波形变化一个周期 T，对应在图 3-6（a）中变化的弧度为 2π。

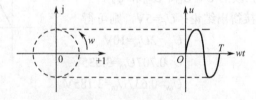

图 3-6 ω 与 T 关系示意图

【例 2】 分析周期与频率的关系。

如图 3-7 所示波形，其角频率为多少？

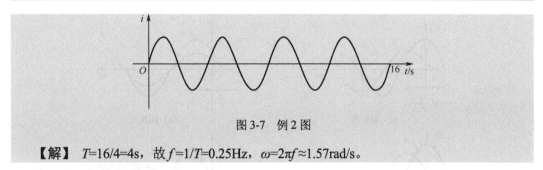

图 3-7　例 2 图

【解】　$T=16/4=4$s，故 $f=1/T=0.25$Hz，$\omega=2\pi f\approx1.57$rad/s。

3．正弦波的初相

（1）相位及初相

正弦波的相位表示的是正弦波相对于参考位置的角度度量。

式 $i(t)=I_\mathrm{m}\sin(\omega t+\varphi)$ 中，$\varphi(t)=\omega t+\varphi$ 称为相位角，简称相位，表示 t 时刻的弧度位置，是个瞬时值。

$t=0$ 时刻的相位是一个常数，称为初相位，简称初相，用 φ 表示，$\varphi(0)=\varphi$ 即表示初始位置。

为统一起见，规定初相的绝对值不超过 180°，超过时，要换算成绝对值小于 180° 的角。

初相可能取值情况如图 3-8 所示。

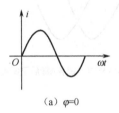
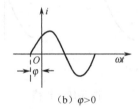
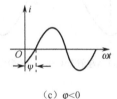

（a）$\varphi=0$　　　　　　（b）$\varphi>0$　　　　　　（c）$\varphi<0$

图 3-8　初相可能取值情况

（2）相位差

两个同频率正弦量的相位之差或初相之差，称为相位差，它描述了两个正弦量之间变化进程的差异（用 $\Delta\varphi$ 表示）。

图 3-9（a）中，电压 u 和电流 i 的相位差为

$$\Delta\varphi=(\omega t+\varphi_u)-(\omega t+\varphi_i)=\varphi_u-\varphi_i$$

可见，两个同频率正弦量的相位差仅与它们的初相有关，且任一时刻都是一个常数，而与时间无关。

如果同频率的正弦量 u 与 i 的相位差 $\Delta\varphi=\varphi_u-\varphi_i>0$，则认为 u 的变化领先于 i，称电压 u 超前电流 i，或称 i 滞后 u；若 $\Delta\varphi=\varphi_u-\varphi_i<0$，则称 u 滞后 i，或称 i 超前 u。

如果 $\Delta\varphi=\varphi_u-\varphi_i=0$，称电压 u 与电流 i 同相，如图 3-9（b）所示。

如果 $\Delta\varphi=\varphi_u-\varphi_i=\pm\pi/2$，称电压 u 与电流 i 正交，如图 3-9（c）所示。

如果 $\Delta\varphi=\varphi_u-\varphi_i=\pm\pi$，称电压 u 与电流 i 反相，如图 3-9（d）所示。

由于相位差与计时起点的选择无关，对于若干个同频率的正弦量来说，可以选择计时起点，使其中任一个的初相为零，称为参考正弦量，而其他正弦量的初相则分别由它们与参考正弦量的相位差来确定。

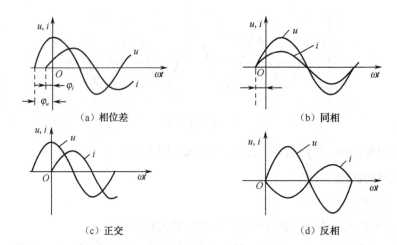

图3-9   相位差的几种情况

当正弦波相对于参考量左移或者右移时，即为相移，如图3-10所示。

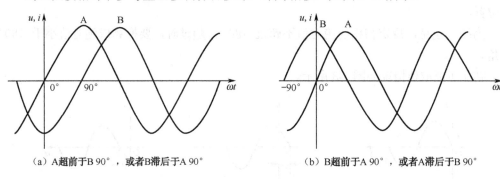

图3-10   相移

图3-10（a）中，正弦波B向右移动90°（π/2rad）就是正弦波A，即正弦波A超前于正弦波B 90°（π/2rad）。图3-10（b）中，正弦波B向左移动90°（π/2rad）就是正弦波A，即正弦波B超前于正弦波A 90°（π/2rad）。因此正弦波A与正弦波B的相位差均是90°。

【例3】掌握相角。

如图3-11所示，分别说明正弦波A、B的初相及相位差。

【解】图3-11（a）中，正弦波A的零穿越点在0°，即$\varphi_A=0°$，正弦波B相应的零穿越点在45°，即$\varphi_B=-45°$。故相位差$\varphi_{AB}=0°-(-45°)=45°>0$，即正弦波A超前正弦波B 45°。

图3-11（b）中，$\varphi_A=0°$，正弦波B相应的零穿越点在-30°，即$\varphi_B=30°$。故相位差$\varphi_{AB}=0°-30°=-30°<0$，即正弦波A滞后正弦波B 30°。

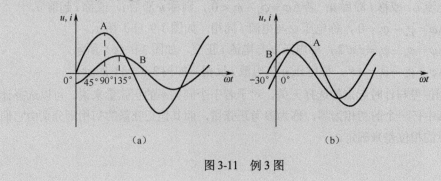

图3-11   例3图

知识链接3　正弦量的相量表达

正弦交流电的
相量表达法

在正弦稳态电路中，电流、电压都是时间的正弦函数，但直接用正弦量来计算很麻烦。在任意给定的瞬时，正弦波的大小可以通过相角与峰值（最大值）来描述，因此也能够用相量表示。为了简化计算，可以用相量法来分析、计算正弦交流电。

1. 何谓相量

相量是指具有大小和方向（相角）的物理量，可以用绕着固定点旋转的箭头表示。正弦波相量的长度为峰值（最大值），旋转到的位置为相角。利用相量对正弦稳态电路进行分析、计算的方法称为相量法。相量的运算方法就是复数的运算方法，因此先对复数的有关知识做一个简单介绍。

设 A 为一复数，a 和 b 分别为复数的实部和虚部，其代数形式为

$$A = a + jb$$

式中，$j = \sqrt{-1}$ 为虚数单位。取复数 A 的实部和虚部分别用下列符号表示：

$$Re[A] = a , \quad Im[A] = b$$

复数 A 可以用复平面上的一条有向线段来表示，如图 3-12 所示。从图 3-12 可得复数 A 的三角形式为

$$A = r\cos\theta + jr\sin\theta = r(\cos\theta + j\sin\theta)$$

式中，r 为复数的模，θ 为复数的辐角。r 和 θ 与 a 和 b 的关系为

$$a = r\cos\theta , \quad b = r\sin\theta$$

$$r = \sqrt{a^2 + b^2} , \quad \theta = \arctan\left(\frac{b}{a}\right)$$

由欧拉公式

$$e^{j\theta} = \cos\theta + j\sin\theta$$

可得复数 A 的指数形式为

$$A = re^{j\theta}$$

指数形式常简写成极坐标式，即

$$A = r\angle\theta$$

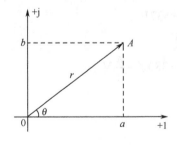

图 3-12　复数的表示

2. 相量表达式及图示

在正弦量的 3 个要素中，最重要的是最大值和初相，因为在线性电路中，只要电源的频率确定了，那么电路中各处的频率和电源的频率就保持一致，因此只要能反映出最大值和初相这两个要素，一个正弦量就可以确定。所以可以用一个固定矢量来表示正弦量，

如图 3-13（a）所示。固定矢量的模为正弦量的最大值，与横轴的夹角为初相，称此固定矢量为相量。

为了将相量（表示正弦量的复数）与一般复数相区别，在符号上加"·"。如将它表示在复平面上，则称为相量图，如图 3-13（b）所示。

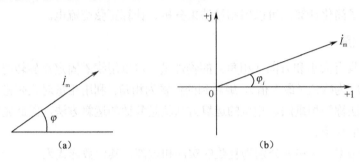

图 3-13　相量图式

正弦量瞬时式与相量之间有着简单的对应关系，以正弦电流为例，这种对应关系如下：

$$i = I_m \sin(\omega t + \varphi_i) \Leftrightarrow \dot{I}_m = I_m e^{j\varphi_i} = I_m \angle \varphi_i$$

注意：用相量表示正弦量，并不是说相量等于正弦量。相量法只适用于正弦稳态电路的分析、计算。

相量也可以用有效值来表示，即

$$\dot{I} = I e^{j\varphi_i} = I \angle \varphi_i = \frac{I_m}{\sqrt{2}} \angle \varphi_i = \frac{\dot{I}_m}{\sqrt{2}} \tag{3-5}$$

$$\dot{U} = U e^{j\varphi_u} = U \angle \varphi_u = \frac{U_m}{\sqrt{2}} \angle \varphi_u = \frac{\dot{U}_m}{\sqrt{2}} \tag{3-6}$$

式中，$\dot{I}$ 和 $\dot{U}$ 分别称为电流和电压的有效值相量，本书后续内容中，相量均指有效值相量。

【例 4】 掌握相量、相量图。

已知正弦电压瞬时式 $u_1 = 311\sin\left(\omega t + \dfrac{\pi}{6}\right)$ V，$u_2 = 537\sin\left(\omega t - \dfrac{\pi}{3}\right)$ V，写出它们的相量，并绘出相量图。

【解】 $U_{1m} = 311$V，$U_{2m} = 537$V。

则 $U_1 = 220$V，$U_2 = 380$V。

所以 $\dot{U}_1 = 220\angle\dfrac{\pi}{6}$V，$\dot{U}_2 = 380\angle-\dfrac{\pi}{3}$V。

相量图如图 3-14 所示。

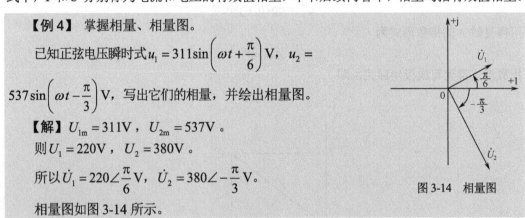

图 3-14　相量图

3. 相量的四则运算

如前所述，相量式即引用复数的表达方式，故也有极坐标式和代数式两种表达形式，且复数的运算规则也适用于相量运算。

（1）相量的加、减运算

在进行计算时，相量的相加和相减用代数形式进行。

已知 $A_1 = a_1 + jb_1$，$A_2 = a_2 + jb_2$，则 $A_1 \pm A_2 = (a_1 + jb_1) \pm (a_2 + jb_2) = (a_1 \pm a_2) + j(b_1 \pm b_2)$。

相量的加、减运算为复数的实部与实部相加、减，虚部与虚部相加、减。

相量的加、减法也可用图解法进行分析，相量图如图 3-15 所示。复数相加符合"平行四边形法则"，复数相减符合"三角形法则"。

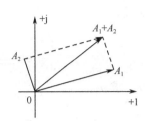
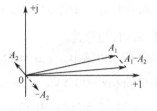

图 3-15　相量加、减法的相量图

（2）相量的乘、除运算

相量的乘、除运算，常使用指数形式和极坐标式。

如设 $A_1 = r_1 \angle \theta_1$，$A_2 = r_2 \angle \theta_2$，如两相量相乘，则有 $A_1 A_1 = r_1 \angle \theta_1 \cdot r_2 \angle \theta_2 = r_1 \cdot r_2 \angle (\theta_1 + \theta_2)$；如两相量相除，则有 $\dfrac{A_1}{A_2} = \dfrac{r_1 \angle \theta_1}{r_2 \angle \theta_2} = \dfrac{r_1}{r_2} \angle (\theta_1 - \theta_2)$。相量的乘、除运算为模与模相乘、除，幅角与幅角相加、减。

【例5】　正弦量求和。

已知 $u_1 = 220\sqrt{2} \sin \omega t \text{ V}$，$u_2 = 220\sqrt{2} \sin(\omega t - 120°) \text{V}$，求 $u = u_1 - u_2$。

【解】　将瞬时值用相量表示为

$$\dot{U}_1 = 220 \angle 0° = 220 \text{V}$$

$$\dot{U}_2 = 220 \angle -120° = 220\cos(-120°) + \text{j}220\sin(-120°)$$

$$= (-110 - \text{j}110\sqrt{3})\text{V}$$

$$\dot{U} = \dot{U}_1 - \dot{U}_2 = 220 + \frac{220}{2} + \text{j}\frac{220\sqrt{3}}{2}$$

$$= 330 + \text{j}110\sqrt{3} = 380 \angle 30° \text{V}$$

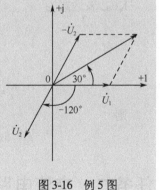

所以

$$u = u_1 - u_2 = 380\sqrt{2} \sin(\omega t + 30°) \text{ V}$$

也可以用相量图来求同频率正弦量的代数和，应遵循矢量运算法则。为方便计算，相量的始端不一定画在原点。

用相量图求解，结果与复数计算的结果相同，如图 3-16 所示。图 3-16 中，求 $\dot{U}_1 - \dot{U}_2$ 是通过求 $\dot{U}_1 + (-\dot{U}_2)$ 来完成的。

图 3-16　例 5 图

4. 基尔霍夫定律的相量形式

由以上内容可知，若同频率正弦量 i_1、i_2 和 i_3 满足关系式：

$$i_1 + i_2 + i_3 = 0$$

则 i_1、i_2 和 i_3 对应的相量 $\dot{I}_1$、$\dot{I}_2$ 和 $\dot{I}_3$ 也满足关系式：

$$\dot{I}_1 + \dot{I}_2 + \dot{I}_3 = 0$$

如果 i_1、i_2 和 i_3 是正弦交流电路中某节点的所有支路电流，则各支路电流相量和恒等于零，即

$$\sum \dot{I} = 0 \tag{3-7}$$

同理，对电路中任一回路，所有电压相量的代数和为零，即

$$\sum \dot{U} = 0 \tag{3-8}$$

以上两式即正弦交流电路中基尔霍夫定律的相量形式。

【例6】 KVL 相量式。

如图 3-17 所示电路中，$u = 24\sqrt{2}\sin(\omega t + 30°)\,\text{V}$，

$u_1 = 14\sqrt{2}\sin(\omega t + 30°)\,\text{V}$，$u_2 = 6\sqrt{2}\sin(\omega t + 30°)\,\text{V}$，求 u_3。

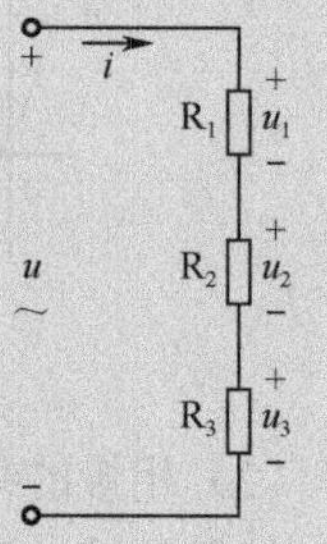

【解】 $u = 24\sqrt{2}\sin(\omega t + 30°)\,\text{V}$，则 $\dot{U} = 24\angle 30°\,\text{V}$。

$u_1 = 14\sqrt{2}\sin(\omega t + 30°)\,\text{V}$，则 $\dot{U}_1 = 14\angle 30°\,\text{V}$。

$u_2 = 6\sqrt{2}\sin(\omega t + 30°)\,\text{V}$，则 $\dot{U}_2 = 6\angle 30°\,\text{V}$。

KVL 表达式为

$$u = u_1 + u_2 + u_3$$

则有

$$\dot{U} = \dot{U}_1 + \dot{U}_2 + \dot{U}_3$$
$$\dot{U}_3 = \dot{U} - \dot{U}_1 - \dot{U}_2 = 4\angle 30°\,\text{V}$$

则

$$u_3 = 4\sqrt{2}\sin(\omega t + 30°)\,\text{V}$$

图 3-17　例 6 图

【例7】 KCL 相量式。

如图 3-18 所示电路中，$i = 8\sqrt{2}\sin(\omega t + 45°)\,\text{mA}$，$i_1 = 3\sqrt{2}\sin(\omega t + 45°)\,\text{mA}$，求 i_2。

【解】 $i = 8\sqrt{2}\sin(\omega t + 45°)\,\text{mA}$，则 $\dot{I} = 8\angle 45°\,\text{mA}$。

$i_1 = 3\sqrt{2}\sin(\omega t + 45°)\,\text{mA}$，则 $\dot{I}_1 = 3\angle 45°\,\text{mA}$。

KCL 表达式为

$$i = i_1 + i_2$$

则有

$$\dot{I} = \dot{I}_1 + \dot{I}_2$$
$$\dot{I}_2 = \dot{I} - \dot{I}_1 = 5\angle 45°\,\text{mA}$$

则

$$i_2 = 5\sqrt{2}\sin(\omega t + 45°)\,\text{mA}$$

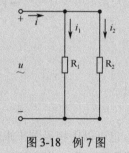

图 3-18　例 7 图

课堂随测–
交流电基础

扫码看答案

任务二　交流电路中的元件

　　交流电路一般受电阻、电容、电感这三个参数的影响，而这三个参数对交流电路的影响又各不相同。有的电路受一个参数的影响较大，其他两个参数的作用很小，可以忽略，此时可以认为此交流电路为单一参数的交流电路，如纯电阻电路、纯电感电路、纯电容电路。

知识链接1　电阻元件

　　纯电阻电路是指只有电阻负载的交流电路，常见的日光灯、电烙铁等电路都是纯电阻电路。

交流电路中
的元件描述

一、电阻元件的伏安特性

电阻元件中电流和电压的参考方向如图 3-19 所示。设通过电阻的正弦电流为

$$i_R = I_{Rm} \sin(\omega t + \varphi_i)$$

则由欧姆定律有

$$u_R = RI_{Rm} \sin(\omega t + \varphi_i) \tag{3-9}$$

显然，电压 u_R 与电流 i_R 是同频率的正弦量，如图 3-20 所示为电阻元件电压、电流的波形图。将 u_R 写成正弦量的一般形式：

$$u_R = U_{Rm} \sin(\omega t + \varphi_u) \tag{3-10}$$

比较式（3-9）和式（3-10）可得

$$\begin{cases} U_{Rm} = RI_{Rm} \\ \varphi_u = \varphi_i \end{cases} \tag{3-11}$$

即在电阻电路中，电压与电流的大小关系与欧姆定律形式相同，且电压和电流是同相的（相位差 $\Delta\varphi = 0$）。

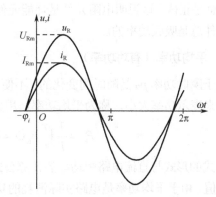

图 3-19　电阻元件中电流和电压的参考方向　　图 3-20　电阻元件电压、电流的波形图

如用相量表示电压与电流的关系，则

$$\dot{U}_R = U_R \angle \varphi_u = I_R R \angle \varphi_i = \dot{I}_R R \tag{3-12}$$

此即欧姆定律的相量表达式。其相量图如图 3-21 所示。

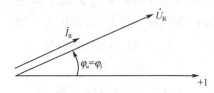

图 3-21　电阻元件电压、电流的相量图

二、电阻元件的功率

1. 瞬时功率

在任意瞬间，电压瞬时值与电流瞬时值的乘积，称为瞬时功率，用小写字母 p_R 表示。

设电阻元件上通过的电流为

$$i_R = I_{Rm} \sin \omega t$$

在关联的参考方向下电压与电流同相，则电压可表示为

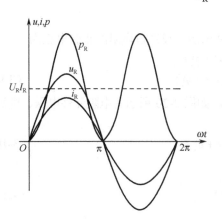

图 3-22　电阻元件电压、电流和瞬时功率的曲线

$$u_R = U_{Rm} \sin \omega t$$

则瞬时功率为

$$
\begin{aligned}
p_R &= u_R \cdot i_R \\
&= U_{Rm} \sin \omega t \cdot I_{Rm} \sin \omega t \\
&= U_{Rm} I_{Rm} \sin^2 \omega t \qquad (3\text{-}13) \\
&= \frac{1}{2} U_{Rm} I_{Rm} (1 - \cos 2\omega t) \\
&= U_R I_R - U_R I_R \cos 2\omega t
\end{aligned}
$$

由式（3-13）可以看出，瞬时功率包括两部分，一部分是常量 $U_R I_R$，另一部分是交变量 $U_R I_R \cos 2\omega t$，可绘出瞬时功率的曲线，见图 3-22。从图 3-22 可看出，电阻元件的瞬时功率以 2 倍电流的频率随时间做周期性的变化，总是正值。这说明电阻元件是耗能元件，在正弦交流电路中，除了电流为零的瞬间，电阻元件总是吸收功率的。

2．平均功率（有功功率）

由于瞬时功率 p_R 是随时间变化的，不便于计算，所以一般用瞬时功率在一个周期内的平均值来表示功率大小，称为平均功率，用大写字母 P_R 表示。

$$P_R = \frac{1}{T} \int_0^T p_R \mathrm{d}t = U_R I_R = R I_R^2 = \frac{U_R^2}{R}$$

上式的形式与直流电路中功率的计算公式相同，只是上式中的电压、电流均为交流量的有效值。由于平均功率是电路实际消耗的功率，所以又称为有功功率或电路消耗的功率。习惯上把"平均""有功""消耗"去掉，简称为功率。通常交流电路中负载功率指的就是有功功率。如电灯的功率、电视机的功率等，都是指它们的有功功率。

【例8】　掌握交流电路中电阻元件的性质。

设电阻元件电压、电流的参考方向关联，已知电阻 $R = 100\,\Omega$，通过电阻的电流 $i_R = 1.414 \sin(\omega t + 30°)\mathrm{A}$，求：①电阻元件的电压 U_R 及 u_R；②电阻消耗的功率；③画相量图。

【解】　由 $i_R = 1.414 \sin(\omega t + 30°)\mathrm{A}$，有 $\dot{I}_R = 1\angle 30° \mathrm{A}$，则

$$\dot{U}_R = R\dot{I}_R = 100\angle 30°\,\mathrm{V}$$
$$U_R = 100\,\mathrm{V}$$
$$u_R = 100\sqrt{2} \sin(\omega t + 30°)\,\mathrm{V}$$
$$P_R = R I_R^2 = 100 \times 1^2 = 100\,\mathrm{W}$$

相量图如图 3-23 所示。

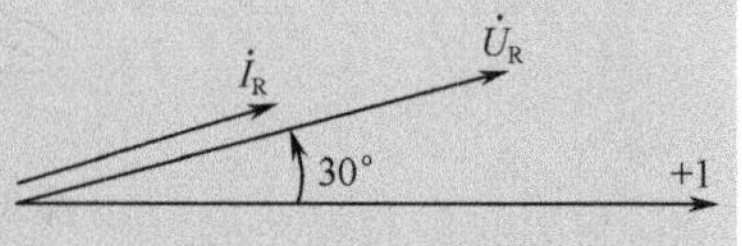

图 3-23　相量图

知识链接2　电感元件

一、电感元件及其内特性

电感元件是一种理想二端元件，它是实际线圈的理想化模型。实际线圈中通入电流时，线圈内及其周围都会产生磁场，并储存磁场能量。电感元件就是反映实际线圈这一基本性

能的理想元件。如图 3-24 所示为电感元件的图形符号。

当电感线圈中有电流通过时，电流在该线圈内产生的磁通称为自感磁通。图 3-25 中，Φ_L 表示电流 i_L 产生的自感磁通。其中，Φ_L 与 i_L 的参考方向符合右手螺旋法则。如果线圈的匝数为 N，且穿过线圈每一匝的自感磁通都是 Φ_L，则电流 i_L 产生的自感磁链为

$$\Psi_L = N\Phi_L \tag{3-14}$$

笔记

图 3-24 电感元件的图形符号

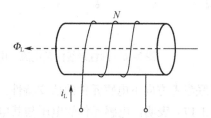

图 3-25 电流产生的自感磁通

电感元件的自感磁链与其电流的比为

$$L = \frac{\Psi_L}{i_L} \tag{3-15}$$

L 称为电感元件的电感系数，或称自感系数，简称电感。

电感的 SI 单位为亨［利］，简称为亨（H）；1H=1Wb/A。实际应用中常用的单位还有毫亨（mH）和微亨（μH），它们和亨的关系为

$$1mH=10^{-3}H$$
$$1\mu H=10^{-6}H$$

电感线圈的电感与线圈的形状、尺寸、匝数及其周围的介质都有关系。图 3-25 所示的圆柱形线圈是常见的电感线圈之一。若线圈绕制均匀紧密，且其长度远大于截面半径，可以证明，一段圆柱形线圈的电感为

$$L = \mu \frac{N^2 S}{l} \tag{3-16}$$

式中，S 为线圈的截面积，l 为该段线圈的轴向长度，N 为该段线圈的匝数，μ 是磁介质的磁导率。

形状、尺寸、匝数完全相同的线圈，有的有铁芯有的没有铁芯，由于磁导率的悬殊，其电感的大小可能相差几十乃至几千倍。

二、电感元件的伏安特性

1. 瞬时描述

电感元件中的电流发生变化时，其自感磁链也随之变化，从而在元件两端产生自感电压。若选择 i_L、u_L 的参考方向都和自感磁通 Φ_L 关联，则 i_L 和 u_L 的参考方向也彼此关联，如图 3-26 所示。

此时，自感磁链为 $\qquad \Psi_L = Li_L$

而自感电压为 $\qquad u_L = \dfrac{d\Psi_L}{dt} = \dfrac{d(Li_L)}{dt} = L\dfrac{di_L}{dt} \tag{3-17}$

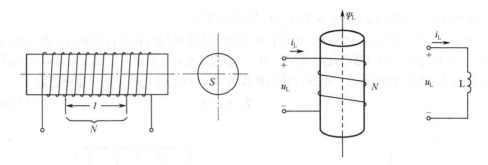

图 3-26 圆柱形线圈及电流、电压和自感磁通的参考方向关联

这就是关联参考方向下电感元件的伏安特性。

式（3-17）表明，电感元件的电压与其电流的变化率成正比。只有当元件的电流发生变化时，其两端才会有电压。因此，电感元件也叫动态元件。如果元件的电流不随时间变化，例如为直流时，由于没有磁通的变化，电感元件两端不会有感应电压。这时，电感中虽有电流，其两端电压却等于零。因而在直流电路中电感元件相当于短路线。

2. 相量描述

设电感元件电压和电流的参考方向关联，如图 3-26 所示，当通过电感元件 L 的电流为

$$i_L = I_{Lm} \sin(\omega t + \varphi_{iL})$$

则 L 两端产生的电压为

$$
\begin{aligned}
u_L &= L\frac{di_L}{dt} = L\frac{d}{dt}[I_{Lm}\sin(\omega t + \varphi_{iL})] \\
&= \omega L I_{Lm} \sin(\omega t + \varphi_{iL} + 90°) \\
&= U_{Lm}\sin(\omega t + \varphi_{uL})
\end{aligned}
$$

其中

$$U_{Lm} = \omega L I_{Lm} \quad (\text{或 } U_L = \omega L I_L)$$

$$\varphi_{uL} = \varphi_{iL} + 90°$$

以上结果表明，电压 u_L 和电流 i_L 是同频率的正弦量，并且电压 u_L 超前电流 i_L 的相位 90°，即 $\varphi_{uL} = \varphi_{iL} + 90°$，它们的最大值或有效值之间的关系为 $U_{Lm} = \omega L I_{Lm}$ 或 $U_L = \omega L I_L$。如图 3-27 所示为电感元件电压、电流的波形图。

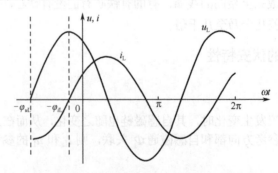

图 3-27 电感元件电压、电流的波形图

电感元件两端的电压与通过它的电流有效值的比，反映了电感元件对电流的阻碍作用的大小，称作电感元件的感抗，用 X_L 表示，即

$$\frac{U_{Lm}}{I_{Lm}} = \frac{U_L}{I_L} = X_L = \omega L$$

它具有与电阻相同的量纲，单位也是 Ω（欧姆）。X_L 与频率成正比，表明电感在高频情况下有较大的感抗。当 $\omega \to \infty$ 时，$X_L \to \infty$，电感相当于开路；当 $\omega = 0$（即直流）时，$X_L = 0$，电感相当于短路。因此，电感线圈在交流电路中有"通直流、阻交流，通低频、阻高频"的特性。如图 3-28 所示为 X_L 的频率特性曲线。应该注意，感抗只是电压与电流的峰值或有效值之比，而不是它们的瞬时值之比。

如用相量表示电压与电流的关系，则

$$\dot{U} = jX_L\dot{I} = j\omega L\dot{I}$$

上式表示电压的有效值等于电流的有效值与感抗的乘积，在相位上电压比电流超前 90°，其相量图如图 3-29 所示。

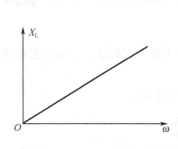

图 3-28　感抗的频率特性曲线

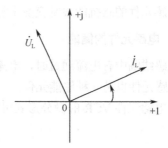

图 3-29　电感元件电压、电流相量图

三、电感元件的功率、能量

1. 瞬时功率

设电感元件上通过的电流（初相为零）为

$$i_L = I_{Lm}\sin\omega t$$

在关联方向下其电压超前电流 90°，故电压可表示为

$$u_L = U_{Lm}\sin(\omega t + 90°)$$

则电感元件的瞬时功率为

$$p_L = u_L i_L = U_{Lm}\sin(\omega t + 90°)I_{Lm}\sin\omega t$$

$$= \frac{1}{2}U_{Lm}I_{Lm}\sin 2\omega t = U_L I_L \sin 2\omega t$$

可见，纯电感电路中的瞬时功率是以两倍（电源的）频率按正弦规律变化的，其波形如图 3-30 所示。

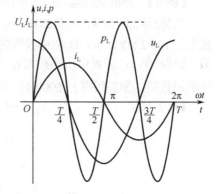

图 3-30　电感元件电压、电流和瞬时功率的波形

2. 平均功率（有功功率）

瞬时功率在电流的一个周期内的平均值（即平均功率）为

$$P_L = \frac{1}{T}\int_0^T p_L dt = \frac{1}{T}\int_0^T U_L I_L \sin 2\omega t\, dt = 0$$

纯电感交流电路的平均功率为零，说明电感元件吸收和释放的能量一样多，故称电感为储能元件。这说明电感和电源之间只有能量交换，其本身不消耗能量。

3. 无功功率

从图 3-30 可见，在第一个 1/4 周期内，电压、电流均为正值，即它们的实际方向相同，因此，瞬时功率为正值，说明电感元件吸收功率，将外电路供给的能量转变为磁场能量储存起来。在第二个 1/4 周期内，电流为正值，而电压为负值，即电压、电流的实际方向相反，瞬时功率为负值，说明此时电感元件输出能量，即将储存的磁场能量释放出来。以后的过程与此类似。随着电压、电流的交变，电感元件不断地进行能量的"吞吐"。

为了衡量电感 L 和电源之间能量交换的快慢，称瞬时功率的最大值为无功功率，用 Q_L 表示，即

$$Q_L = U_L I_L = X_L I_L^2 = \frac{U_L^2}{X_L}$$

为区别于有功功率，无功功率的单位为 var（乏），1var=1V×1A。

电感元件的感抗能限制交变电流，因此常用电感线圈做限流器、高频轭流线圈等。

4. 电感元件的储能

电感线圈中有电流通过时，电流在线圈内及其周围建立起磁场，并储存磁场能量。因此，电感元件也是一种储能元件。

由电感元件 VCR 的微分形式可得电感元件的瞬时功率为

$$p_L = u_L i_L = L i_L \frac{di_L}{dt}$$

设 $t=0$ 瞬间电感元件的电流为零，经过时间 t 电流增至 i_L，则任一时间 t 电感元件储存的磁场能量为

$$W_L = \int_0^t p_L dt = \int_0^t L i_L \frac{di_L}{dt} dt = \int_0^{i_L} L i_L di_L = \frac{1}{2} L i_L^2$$

式中，若电感 L 的单位为 H，电流 i_L 的单位为 A，则 W_L 的单位为 J。

【例9】 分析交流电路中的电感元件。

电感线圈的电感 $L=0.0127H$（电阻可忽略不计），接工频 $f=50Hz$ 的交流电源，已知电源电压 $U_L=220V$，求：①电感线圈的感抗 X_L、通过线圈的电流 I_L、线圈的无功功率 Q_L 和最大储能 W_{Lm}；②设电压的初相 $\varphi_{uL}=30°$，且电压、电流的参考方向关联，画出电压、电流的相量图；③若频率 $f=5000Hz$，线圈的感抗又是多少？

【解】 ①
$$X_L = \omega L = 2\pi f L \approx 2 \times 3.14 \times 50 \times 0.0127 \approx 4\Omega$$

$$I_L = \frac{U_L}{X_L} = \frac{220}{4} = 55A$$

$$Q_L = U_L I_L = 220 \times 55 = 12100 var$$

$$W_{Lm} = \frac{1}{2} L i_{Lm}^2 = \frac{1}{2} \times 0.0127 \times (55\sqrt{2})^2 \approx 38.4J$$

②
$$\varphi_{iL} = \varphi_{uL} - 90° = 30° - 90° = -60°$$

则
$$\dot{U}_L = 220\angle 30°V$$

$$\dot{I}_L = 55\angle -60°A$$

电压、电流的相量图如图 3-31 所示。

③ 若频率 $f=5000Hz$，则感抗为
$$X_L = 2\pi f L \approx 2 \times 3.14 \times 5000 \times 0.0127 \approx 399\Omega$$

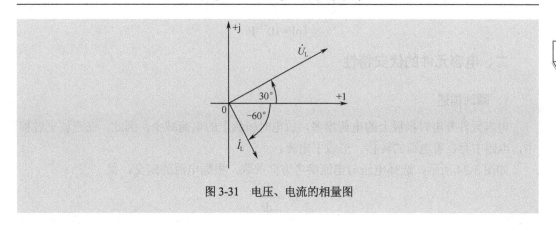

图 3-31　电压、电流的相量图

知识链接 3　电容元件

一、电容元件及其内特性

两个导体中间隔以电介质所构成的元器件称为电容器，其基本结构如图 3-32 所示。两个导体为电容器的电极，或称极板。当给两个极板加上电压时，在极板上分别积累等量的正、负电荷，即对电容器充电。每个极板所带电量的绝对值，称作电容器所带的电荷量。充电后如去掉电源，由于两极板所带的异性电荷互相吸引，加之中间介质绝缘，所以，一段时间内，电荷仍可聚集在电容器的极板上。常见的电容器种类很多，如有机薄膜电容器、云母电容器、电解电容器等。实际的电容器两极板之间不可能完全绝缘，有漏电流存在，因而存在一定的能量损耗。在电路分析中，常忽略电容器的能量损耗，将它看成一个只储存电场能量的理想元器件，称为电容元件，简称电容，用 C 表示，其图形符号如图 3-33 所示。

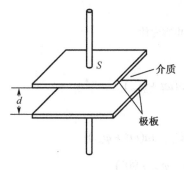

图 3-32　电容器的基本结构

图 3-33　电容元件的图形符号

电容元件容纳电荷量的多少与其两极板间电压的大小有关，其电荷量 q 与电压 u 的比值为

$$C = \frac{q}{u} \tag{3-18}$$

C 反映了电容元件容纳电荷的能力，称作电容元件的电容量（简称电容）。在国际单位制（SI）中，电容的单位是法拉，简称法，符号是 F。在实际应用中，法拉这个单位太大，常用较小单位微法（μF）和皮法（pF），它们和 F 的换算关系是

$$1\mu F = 10^{-6} F$$

$$1pF=10^{-12}F$$

二、电容元件的伏安特性

1. 瞬时描述

电容元件充电时极板上的电荷增多，放电时极板上的电荷减少。因此，在充放电过程中，电路中存在着电荷的转移，形成了电流。

如图3-34所示，选择电压与电流参考方向关联，根据电流的定义，得

$$i_C = \frac{dq}{dt}$$

由 $C = \frac{q}{u}$，得 $q=Cu$，代入上式得

$$i_C = C\frac{du}{dt} \tag{3-19}$$

这就是关联参考方向下电容元件的 VCR。

式（3-19）表明，电容元件的电流与其电压的变化率成正比。当极板上的电荷量发生变化时，极板间的电压也发生变化，电容在充放电过程中，电路中便形成了电流。如果极板间的电压不随时间变化，即为直流电压时，由于没有电荷的转移，电容支路中不会形成电流。这时，电容两端虽有电压，电流却等于零。因而在直流电路中电容元件相当于开路，这就是电容的隔直作用。

2. 相量描述

设电容元件电压、电流的参考方向关联，如图3-34所示。

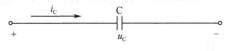

图 3-34　电容元件

其两端电压为

$$u_C = U_{Cm}\sin(\omega t + \varphi_{uC})$$

则通过 C 的电流为

$$i_C = C\frac{du_C}{dt} = C\frac{d}{dt}[U_{Cm}\sin(\omega t + \varphi_{uC})]$$
$$= \omega C U_{Cm}\sin(\omega t + \varphi_{uC} + 90°)$$
$$= I_{Cm}\sin(\omega t + \varphi_{iC})$$

其中

$$I_{Cm} = \omega C U_{Cm} \quad （或 I_C = \omega C U_C）$$

$$\varphi_{iC} = \varphi_{uC} + 90°$$

上式表明，电容元件在正弦交流电路中，其电流 i_C 和电压 u_C 是同频率的正弦量，i_C 和 u_C 的波形如图3-35所示。电流 i_C 超前电压 u_C 的相位90°，即 $\varphi_{iC} = \varphi_{uC} + 90°$，它们之间的关系为 $I_C=\omega C U_C$，同样有类似欧姆定律的关系。

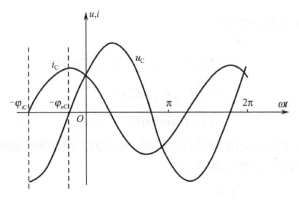

图 3-35　电容元件的电压、电流的波形

电容元件两端的电压与通过它的电流有效值的比，反映了电容元件对电流的阻碍作用的大小，称作电容元件的容抗，用 X_C 表示，即

$$\frac{U_{Cm}}{I_{Cm}} = \frac{U_C}{I_C} = X_C = \frac{1}{\omega C}$$

容抗同样具有与电阻相同的量纲，单位也是 Ω（欧姆）。容抗表示电容在充、放电过程中对电流的阻碍作用。在一定电压下，容抗越大，电路中的电流越小。X_C 与频率成反比，当频率 $\omega \to \infty$ 时，$X_C = 0$，电容相当于短路；当 $\omega = 0$（即直流）时，$X_C \to \infty$，电容相当于开路，此即电容的隔直作用。因此，电容元件具有"通交流、阻直流，通高频、阻低频"的特性，利用这一特性，电容在电子电路中可起到隔直、旁路、滤波的作用。对于给定的电容元件（即参数 C 一定），容抗的频率特性曲线如图 3-36 所示。

如用相量表示电压与电流的关系，则为

$$\dot{I}_C = j\omega C \dot{U}_C$$

或

$$\dot{U}_C = -j\frac{1}{\omega C} \dot{I}_C = -jX_C \dot{I}_C$$

其相量图如图 3-37 所示。

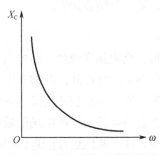

图 3-36　容抗的频率特性曲线

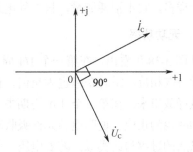

图 3-37　电容元件的电压、电流的相量图

三、电容元件的功率/能量

1. 瞬时功率

如纯电容元件电流的初相为零，则 $i_C = I_{Cm}\sin\omega t$，在关联参考方向下其电压滞后电流 $90°$，故电压可表示为

$$u_C = U_{Cm}\sin(\omega t - 90°)$$

则纯电容交流电路的瞬时功率为

$$p_C = u_C i_C$$
$$= U_{Cm} \sin(\omega t - 90°) \cdot I_{Cm} \sin \omega t$$
$$= -\frac{1}{2} U_{Cm} I_{Cm} \sin 2\omega t$$
$$= -U_C I_C \sin 2\omega t$$

显然，电容元件的瞬时功率同样是以两倍（电流的）频率随时间变化的正弦函数，则可绘出瞬时功率的曲线，如图 3-38 所示。

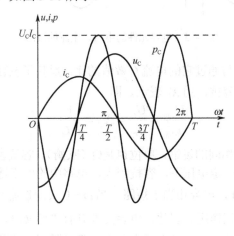

图 3-38　电容元件电压、电流和瞬时功率的曲线

2．平均功率（有功功率）

瞬时功率在一个周期内的平均值，即平均功率，为

$$P_C = \frac{1}{T} \int_0^T p_C \mathrm{d}t = \frac{1}{T} \int_0^T -U_C I_C \sin 2\omega t \mathrm{d}t = 0$$

纯电容交流电路的平均功率为零，说明在交流电的一个周期内电容元件吸收和释放的能量一样多，它不消耗能量，只与外电路进行能量交换，是一个储能元件。

3．无功功率

从图 3-38 可看出，在第一个 1/4 周期中，电流为正值，而电压为负值，即电压、电流的实际方向相反，瞬时功率也为负值，说明电容元件输出功率，将在此之前储存于电场中的能量释放出来。在第二个 1/4 周期中，电压、电流均为正值，即它们的实际方向相同；瞬时功率也为正值，说明电容元件吸收功率，将外电路供给的能量又变成电场能量加以储存。以后的过程与此类似。随着电压、电流的交变，电容元件不断地进行能量的"吞吐"。将电容和电感两种元件的瞬时功率曲线加以比较可以发现，如果它们通过的电流同相，则当电容吸收能量时，电感在释放能量。

将纯电容交流电路的无功功率定义为瞬时功率的最大值，即电容元件与电源之间能量交换的最大速率，用 Q_C 表示，即

$$Q_C = -U_C I_C$$
$$= -X_C I_C^2 = -\frac{U_C^2}{X_C}$$

容性无功功率为负值，表明它与电感转换能量的过程相反，在电感吸收能量的同时，

电容在释放能量，反之亦然。

4．电容元件的储能

电容充电后两极板间有电压，介质中就有电场，并储存电场能量，因此，电容元件是一种储能元件。

当选择电容元件上电压、电流为关联参考方向时，电容元件的瞬时功率为

$$p_C = u_C i_C = u_C C \frac{\mathrm{d}u_C}{\mathrm{d}t}$$

若 $p>0$，电容吸收功率处于充电状态；若 $p<0$，电容释放功率处于放电状态。

设 $t=0$ 瞬间电容元件的电压为零，经过时间 t 电压升至 u_C，则任一时间 t 电容元件储存的电场能量为

$$W_C = \int_0^t p_C \mathrm{d}t = \int_0^t C u_C \frac{\mathrm{d}u_C}{\mathrm{d}t} \mathrm{d}t = \int_0^{u_C} C u_C \mathrm{d}u_C = \frac{1}{2} C u_C^2$$

式中，若 C、u_C 的单位分别为 F、V，则 W_C 的单位为 J（焦耳）。

【例10】　分析交流电路中电容的电压、电流。

电容元件的电容 $C=100F$，接工频 $f=50Hz$ 的交流电源，已知电源电压 $\dot{U} = 220\angle -30°V$，求：①电容元件的容抗 X_C 和通过电容的电流 i_C，并画出电压、电流的相量图；②电容的无功功率 Q_C。

【解】（1）电容的容抗为

$$X_C = \frac{1}{2\pi fC} \approx \frac{1}{2 \times 3.14 \times 50 \times 100 \times 10^{-6}} \approx 31.8\Omega$$

电容的电流为

$$\dot{I}_C = \frac{\dot{U}_C}{-\mathrm{j}X_C} = \frac{\dot{U}}{-\mathrm{j}X_C} = \frac{220\angle -30°}{31.8\angle -90°} \approx 6.9\angle 60°A$$

所以
$$i_C = 6.9\sqrt{2}\sin(314t + 60°)A$$

电压、电流的相量图如图 3-39 所示。

（2）无功功率为

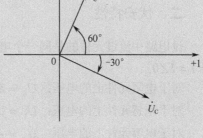

图 3-39　电压、电流的相量图

$$Q_C = -U_C I_C = -UI_C = -220 \times 6.9 = -1518\,\mathrm{var}$$

知识链接4　复阻抗

一、定义

在关联参考方向下，正弦交流电路中任一线性无源单口的电压相量 $\dot{U}$ 与电流相量 $\dot{I}$ 的比称为该单口的复阻抗，用 Z 表示，即

$$Z = \frac{\dot{U}}{\dot{I}} = \frac{U\angle\varphi_u}{I\angle\varphi_i} = |Z|\angle\psi_z \tag{3-20}$$

显然，复阻抗也是一个复数，但它不再是表示正弦量的复数，因而不是相量，只能用大写字母表示而不能加点。在电路图中用电阻的图形符号表示复阻抗，如图 3-40 所示。

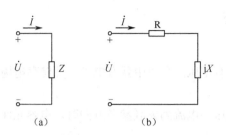

图 3-40　复阻抗的图形符号

1．复阻抗的模——阻抗

由式（3-20）可知，复阻抗的模$|Z|$等于电压有效值与电流有效值的比，即

$$|Z| = \frac{U}{I}$$

显然，当电压有效值U一定时，复阻抗的模$|Z|$越大，电流I越小，即$|Z|$反映了电路对电流的阻碍作用，故称为阻抗。

2．复阻抗的辐角——阻抗角

由式（3-20）可知，复阻抗的辐角为电压超前于电流的相位差，即

$$\psi_Z = \varphi_u - \varphi_i$$

称为阻抗角。

二、伏安特性

设电路中流过元件的是同一个电流i，所以取i为参考正弦量，对应的相量为参考相量，即$\dot{I} = I\angle 0°$。

对于电阻元件上的电压：$\dot{U}_R = R\dot{I}$

对于电感元件上的电压：$\dot{U}_L = jX_L\dot{I}$

对于电容元件上的电压：$\dot{U}_C = -jX_C\dot{I}$

若将 R、L、C 元件串联起来，则根据 KVL 可得电路两端的总电压为

$$\dot{U} = \dot{U}_R + \dot{U}_L + \dot{U}_C = R\dot{I} + jX_L\dot{I} - jX_C\dot{I} = [R + j(X_L - X_C)]\dot{I}$$

可写成

$$\dot{U} = (R + jX)\dot{I} = Z\dot{I}, \quad X = X_L - X_C$$

可以看出复阻抗Z是一个复数，实部是电阻R，虚部是X（电抗），单位为欧姆（Ω）。

三、与单一元件关系

电阻元件的复阻抗：$Z_R = R = \dfrac{\dot{U}_R}{\dot{I}_R}$

电感元件的复阻抗：$Z_L = jX_L = \dfrac{\dot{U}_L}{\dot{I}_L}$

电容元件的复阻抗：$Z_C = -jX_C = \dfrac{\dot{U}_C}{\dot{I}_C}$

笔记

课堂随测-
交流元件

扫码看答案

任务三　分析正弦交流电路

笔记

交流电路元件 R、L、C 之间的连接和直流电阻电路一样，有很多种组合形式，这里重点对串并联电路进行分析。

知识链接1　R、L、C 串联电路的分析

交流电路分析

一、伏安特性

电阻 R、电感 L、电容 C 的串联电路如图 3-41（a）所示，设各元件电压 u_R、u_L、u_C 的参考方向均与电流的参考方向关联，由 KVL 得

$$u = u_R + u_L + u_C \tag{3-21}$$

由于电路中都是线性元件，所以各电压 u_R、u_L 和 u_C 及电路端电压 u、端电流 i 都是同频率的正弦量，故各电压和电流都可以用相量表示，如图 3-41（b）所示。则有

$$\dot{U} = \dot{U}_R + \dot{U}_L + \dot{U}_C \tag{3-22}$$

其中

$$\dot{U}_R = R\dot{I}$$
$$\dot{U}_L = jX_L\dot{I} = j\omega L\dot{I} \tag{3-23}$$
$$\dot{U}_C = -jX_C\dot{I} = -j\frac{1}{\omega C}\dot{I}$$

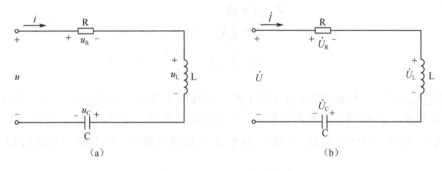

图 3-41　R、L、C 串联电路

由于电阻上电压与电流同相，电感电压超前于电流 90°，电容电压滞后于电流 90°。若以电流相量为参考相量，即 $\dot{I} = I\angle 0°$，绘出电压、电流的相量图，如图 3-42 所示。图中 $\dot{U}$ 与 $\dot{U}_R$、$\dot{U}_X = \dot{U}_L - \dot{U}_C$ 组成一个直角三角形，称为电压三角形，其中 $\psi_Z = \varphi_u - \varphi_i$ 为电压超前于电流的相位差。

通过电压三角形得到

$$U = \sqrt{U_R^2 + (U_L - U_C)^2}$$
$$\psi_Z = \arctan\frac{U_L - U_C}{U_R}$$
$$U_R = U\cos\psi_Z \tag{3-24}$$
$$U_L - U_C = U\sin\psi_Z$$

当 $\psi_Z > 0$ 时，电压超前于电流，电路呈电感性，如图 3-42（a）所示。

当 $\psi_Z < 0$ 时，电压滞后于电流，电路呈电容性，如图 3-42（b）所示。

当 $\psi_Z = 0$ 时，电压与电流同相，电路呈电阻性，如图 3-42（c）所示。

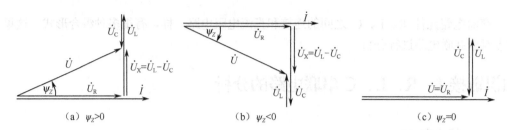

（a）$\psi_Z > 0$ （b）$\psi_Z < 0$ （c）$\psi_Z = 0$

图 3-42 R、L、C 串联电路电压、电流的相量图

将式（3-23）中各元件电压、电流的相量形式代入式（3-22），得

$$\begin{aligned}
\dot{U} &= R\dot{I} + jX_L\dot{I} - jX_C\dot{I} \\
&= [R + j(X_L - X_C)]\dot{I} \\
&= (R + jX)\dot{I}
\end{aligned} \quad (3\text{-}25)$$

其中，$X = X_L - X_C$ 称为电路的电抗。这就是 R、L、C 串联电路 VCR 的相量形式。

二、复阻抗分析

1. R、L、C 串联电路的复阻抗

由 R、L、C 串联电路 VCR 的相量形式和复阻抗的定义，可得 R、L、C 串联电路的复阻抗与电源频率及元件参数的关系为

$$\begin{aligned}
Z &= R + jX \\
&= R + j(X_L - X_C) \\
&= R + j\left(\omega L - \frac{1}{\omega C}\right)
\end{aligned}$$

复阻抗是复数，因而可以用复平面上的有向线段来表示，如图 3-43 所示。图 3-43 中复阻抗 Z 与 R、jX 组成一个直角三角形，称为阻抗三角形。显然，阻抗三角形与电压三角形是相似三角形。应注意的是，阻抗三角形不是相量三角形。由阻抗三角形得到下面的关系：

$$\begin{aligned}
|Z| &= \sqrt{R^2 + X^2} \\
&= \sqrt{R^2 + (X_L - X_C)^2} = \sqrt{R^2 + \left(\omega L - \frac{1}{\omega C}\right)^2} \\
\psi_Z &= \arctan\frac{X}{R} \\
&= \arctan\frac{X_L - X_C}{R} = \arctan\frac{\omega L - \dfrac{1}{\omega C}}{R} \\
R &= |Z|\cos\psi_Z \\
X &= X_L - X_C = |Z|\sin\psi_Z
\end{aligned} \quad (3\text{-}26)$$

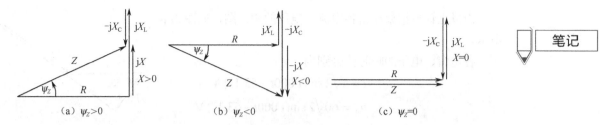

图 3-43　R、L、C 串联电路的复阻抗

X 为电路的电抗，其值可正可负。不难看出，当 $X>0$，即 $X_L>X_C$ 时，$\psi_z>0$，电压超前于电流，电路呈电感性；当 $X<0$，即 $X_L<X_C$ 时，$\psi_z<0$，电压滞后于电流，电路呈电容性；若 $X=0$，即 $X_L=X_C$ 时，$\psi_z=0$，电压与电流同相，电路呈电阻性。

2. 任意无源串联单口网络的等效复阻抗

任意个（无源）元件或复阻抗串联时，串联单口的等效复阻抗为

$$Z=\frac{\dot{U}}{\dot{I}}=\frac{\dot{U}_1+\dot{U}_2+\dot{U}_3+\cdots+\dot{U}_n}{\dot{I}}=\frac{\dot{U}_1}{\dot{I}}+\frac{\dot{U}_2}{\dot{I}}+\frac{\dot{U}_3}{\dot{I}}+\cdots+\frac{\dot{U}_n}{\dot{I}}=Z_1+Z_2+Z_3+\cdots+Z_n$$

即串联单口网络的等效复阻抗等于串联的各复阻抗之和。若串联的各复阻抗分别为

$$Z_1=R_1+jX_1,\quad Z_2=R_2+jX_2,\quad Z_3=R_3+jX_3,\cdots,\quad Z_n=R_n+jX_n$$

则等效复阻抗为

$$\begin{aligned}Z&=Z_1+Z_2+Z_3+\cdots+Z_n\\&=(R_1+jX_1)+(R_2+jX_2)+(R_3+jX_3)+\cdots+(R_n+jX_n)\\&=(R_1+R_2+R_3+\cdots+R_n)+j(X_1+X_2+X_3+\cdots+X_n)\end{aligned}$$

其实部 $R=R_1+R_2+R_3+\cdots+R_n$ 和虚部 $X=X_1+X_2+X_3+\cdots+X_n$ 分别称为该单口网络的等效电阻和等效电抗。在电路图中，等效复阻抗 Z 可以表示成 R 与 jX 两部分串联。

【例 11】 分析 R、L、C 串联电路。

电阻 R、电感 L、电容 C 的串联电路如图 3-41 所示，已知 $R=15\,\Omega$，$L=60\text{ mH}$，$C=25\,\mu\text{F}$，接正弦电压 $u=100\sqrt{2}\sin 1000t$ V，求电路中的电流 i 和各元件的电压 u_R、u_L 和 u_C。

【解】
$$\dot{U}=100\angle 0^\circ \text{ V}$$

各元件的复阻抗分别为
$$Z_R=R=15\,\Omega$$
$$Z_L=jX_L=j\omega L=j\times 1000\times 60\times 10^{-3}=j60\,\Omega$$
$$Z_C=-jX_C=-j\frac{1}{\omega C}=-j\frac{1}{1000\times 25\times 10^{-6}}=-j40\,\Omega$$

电路的复阻抗为
$$Z=Z_R+Z_L+Z_C=15+j60-j40=15+j20\approx 25\angle 53.1^\circ\,\Omega$$

则电路中电流相量为
$$\dot{I}=\frac{\dot{U}}{Z}=\frac{100\angle 0^\circ}{25\angle 53.1^\circ}=4\angle -53.1^\circ \text{A}$$

各元件电压相量为
$$\dot{U}_R=Z_R\dot{I}=15\times 4\angle -53.1^\circ=60\angle -53.1^\circ \text{ V}$$
$$\dot{U}_L=Z_L\dot{I}=j60\times 4\angle -53.1^\circ=240\angle 36.9^\circ \text{ V}$$
$$\dot{U}_C=Z_C\dot{I}=-j40\times 4\angle -53.1^\circ=160\angle -143.1^\circ \text{ V}$$

笔记

笔记

由以上计算结果绘出各电流、电压的相量图，如图3-44所示。

各电流、电压的瞬时值分别为

$$i = 4\sqrt{2}\sin(1\,000t - 53.1°)\,\text{A}$$

$$u_R = 60\sqrt{2}\sin(1\,000t - 53.1°)\,\text{V}$$

$$u_L = 240\sqrt{2}\sin(1\,000t + 36.9°)\,\text{V}$$

$$u_C = 160\sqrt{2}\sin(1\,000t - 143.1°)\,\text{V}$$

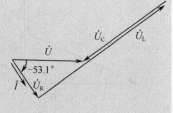

图3-44　R、L、C 串联电路

三、功率

在 R、L、C 串联电路中，既有耗能元件电阻 R，又有储能元件电感 L 和电容 C，所以电路中既有有功功率 P，又有无功功率 Q_L 和 Q_C。

1．有功功率

将瞬时功率的表达式代入有功功率的定义式，得

$$P = \frac{1}{T}\int_0^T p\,\mathrm{d}t$$

不难得到网络吸收的有功功率为

$$P = UI\cos\psi_Z$$

对于 R、L、C 串联单口网络，可知电路的有功功率为

$$P = UI\cos\psi_Z = U_R I_R = P_R$$

即等于电阻的有功功率。可以证明，对于任意线性无源单口网络，其有功功率等于该网络内所有电阻的有功功率之和。

2．无功功率

由于存在储能元件，网络与外部一般会有能量的交换，能量交换的规模仍可用无功功率来衡量，其定义为

$$Q = UI\sin\psi_Z$$

对于 R、L、C 串联电路，可得

$$Q = UI\sin\psi_Z = (U_L - U_C)I = Q_L + Q_C$$

即电路的无功功率等于电感和电容的无功功率之和。可以证明，对于任意线性无源单口网络，其所吸收的无功功率等于该网络内所有电感和电容的无功功率之和。当网络呈电感性时，阻抗角 $\psi_Z > 0$，则无功功率 $Q > 0$；若网络呈电容性，阻抗角 $\psi_Z < 0$，则无功功率 $Q < 0$。

需要指出的是，无功功率的正负只说明网络是电感性的还是电容性的，其绝对值才体现网络对外交换能量的规模。电感和电容无功功率的符号相反，标志着它们在能量吞吐方面有互补作用，可以利用它们限制网络对外交换能量的规模。以 R、L、C 串联电路为例，由于串联电路中各元件的电流相同，但电容和电感的电压反相，因此两元件的瞬时功率符号相反；当其中一个元件吸收能量时，另一个元件恰恰在释放能量，一部分能量只在两元件之间往返转移，电路整体与外部交换能量的规模也就相对缩小了。

3．视在功率

由于网络对外有能量的交换，因此，网络吸收的有功功率小于电压与电流有效值的乘

积，即

$$P = UI\cos\psi_Z < UI$$

此时乘积 UI 虽不是已经实现的有功功率，却是一个有可能达到的"目标"（有可能实现的最大有功功率），故称电压有效值与电流有效值的乘积为网络的视在功率，用 S 表示，即

$$S = UI$$

为区别于有功功率，视在功率的单位不用 W，而用 V·A。发电机、变压器等电源设备的额定容量就是用视在功率来描述的，它等于额定电压与额定电流的乘积。

有功功率和无功功率可分别用视在功率表示为

$$P = UI\cos\psi_Z = S\cos\psi_Z$$

$$Q = UI\sin\psi_Z = S\sin\psi_Z$$

4．功率因数

有功功率与视在功率的比称为网络的功率因数，用 λ 表示，即

$$\lambda = \cos\psi_Z = \frac{P}{S}$$

即无源单口网络的功率因数 λ 等于该网络阻抗角（或电压超前于电流的相位差）ψ_Z 的余弦值，ψ_Z 因此也称作功率因数角。显然网络呈电阻性时，才有 $\lambda=1$，$P=S$；呈电感性和呈电容性情况下 λ 都小于 1，即 $P<S$。

在 R、L、C 串联电路中，由于电压三角形、阻抗三角形是相似三角形，它们的 ψ_Z 是相等的，因此

$$\lambda = \cos\psi_Z = \frac{P}{S} = \frac{U_R}{U} = \frac{R}{|Z|}$$

功率因数的特点：没有量纲的纯数，由网络结构、元件参数和电源频率决定。

交流电力系统中的负载多为感性负载，功率因数普遍小于 1。如广泛使用的异步电动机，功率因数在满载时为 0.8 左右，空载和轻载时仅为 0.2～0.5；照明用的日光灯功率因数也只有 0.3～0.5。

5．复功率

视在功率、有功功率、无功功率和功率因数之间的关系，可用一个复数来统一表示。$\tilde{S} = P + jQ = S\angle\psi_Z$，这个复数称为复数功率，简称复功率。

若用 $\overset{*}{I}$ 表示网络电流相量 $\dot{I}$ 的共轭复数，即 $\overset{*}{I} = I\angle -\varphi_i$，则复数 $\overset{*}{I}$ 与网络电压相量 $\dot{U}$ 的乘积为

$$\begin{aligned}\tilde{S} &= \dot{U}\overset{*}{I} = U\angle\varphi_u \cdot I\angle -\varphi_i \\ &= UI\angle(\varphi_u - \varphi_i) = S\angle\psi_Z = S\cos\psi_Z + jS\sin\psi_Z = P + jQ\end{aligned}$$

显然，乘积 $\tilde{S}$ 仍是一个复数，其模为网络的视在功率，幅角即网络的功率因数角；其实部为网络的有功功率，而虚部则是网络的无功功率，故称乘积 $\tilde{S}$ 为网络的复功率。复功率既然是复数，当然也可以用复平面上的有向线段来表示，如图 3-45 所示。图 3-45 中，$\tilde{S}$、P 与 jQ 构成一个直角三角形，称为功率三角形。显然，同一无源单口网络的功率三角形与电压三角形、阻抗三角形都相似。

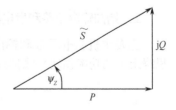

图 3-45　功率三角形

【例 12】 计算各种功率。

R、L、C 串联电路接 220V 工频电源，已知 $R=30\Omega$，$L=382\mathrm{mH}$，$C=40\mu\mathrm{F}$，求电路的功率因数，并计算电路的电流及视在功率、有功功率和无功功率。

【解】
$$X_{\mathrm{L}} = 2\pi f L \approx 2\times 3.14\times 50\times 382\times 10^{-3}\approx 120\Omega$$

$$X_{\mathrm{C}} = \frac{1}{2\pi f C} \approx \frac{1}{2\times 3.14\times 50\times 40\times 10^{-6}}\approx 80\Omega$$

电路的复阻抗： $Z = R + \mathrm{j}X = 30 + \mathrm{j}(120-80) = 30 + \mathrm{j}40 \approx 50\angle 53.1°\,\Omega$

电路的功率因数： $\lambda = \cos\psi_{\mathrm{z}} = \dfrac{R}{|Z|} = \dfrac{30}{50} = 0.6$

电路的电流： $I = \dfrac{U}{|Z|} = \dfrac{220}{50} = 4.4\mathrm{A}$

视在功率： $S = UI = 220\times 4.4 = 968\,\mathrm{V\cdot A}$

有功功率： $P = S\cos\psi_{\mathrm{z}} = 968\times 0.6 = 580.8\mathrm{W}$

无功功率： $Q = S\sin\psi_{\mathrm{z}} = S\dfrac{X}{|Z|} = 968\times \dfrac{40}{50} = 774.4\mathrm{var}$

知识链接 2　功率因数的提高

在电力系统中，发电厂在发出有功功率的同时也输出无功功率。两者在总功率中各占多少并不取决于发电机，而是由负载的功率因数决定的。当负载功率因数 $\cos\psi_{\mathrm{z}}$ 过低时，设备的容量不能被充分利用，同时在线路上产生较大的功率损失。因此应设法提高功率因数。

一、提高功率因数的意义

$\cos\psi_{\mathrm{z}}$ 只有在电阻负载（如白炽灯、电阻炉等）的情况下，电压和电流才同相，其功率因数为 1。其他负载的功率因数均介于 0 与 1 之间。当电压与电流之间有相位差时，即功率因数不等于 1，电路中发生能量互换，出现无功功率 $Q = UI\sin\psi_{\mathrm{z}}$。功率因数低，将出现下面两个问题。

1. 发电设备的容量不能被充分利用

$$P = U_{\mathrm{N}}I_{\mathrm{N}}\cos\psi_{\mathrm{z}} = S_{\mathrm{N}}\cos\psi_{\mathrm{z}}$$

式中，$S_{\mathrm{N}} = U_{\mathrm{N}}I_{\mathrm{N}}$ 为电源的容量。显然，当负载的功率因数小于 1 时，发电机的电压和电流又不允许超过额定值，这时发电机所能发出的有功功率就减少了。功率因数越低，发电机所发出的有功功率就越小，无功功率越大。无功功率越大，即电路中能量互换的规模越大，则发电机发出的能量就不能被充分利用，其中一部分在发电机与负载之间进行互换，就这一部分能量而言，电源可谓"劳而无功"。

2. 增加输电线路和发电机绕组的功率损耗

当发电机的电压 U 和输出的功率 P 一定时，电流 I 与功率因数成反比，而线路和发电机绕组上的功率损耗 ΔP 则与 $\cos\psi_{\mathrm{z}}$ 的平方成反比，即

$$\Delta P = rI^2 = \left(r\frac{P^2}{U^2}\right)\frac{1}{\cos^2\psi_{\mathrm{z}}}$$

式中，r 是发电机绕组和线路的电阻。

功率因数越小，输电线路的电流就越大，输电线路的损耗和压降就越大。功率因数越大，输电线路的电流就越小，输电线路的损耗和压降就越小，从而提高供电质量，或在相同损耗情况下，可以节约输电线路的材料。

可见，提高网络的功率因数，对于充分利用电源设备的容量，提高供电效率和供电质量，合理科学使用电能是十分必要的。

二、提高功率因数的方法

提高功率因数最简便的方法，就是在感性负载的两端并联一个容量合适的电容，这样就可以在电感中的磁场能量与电容中的电场能量间进行交换，从而减少电源与负载间的能量交换。

提高原则：负载上的电压 U 和负载的有功功率 P 不变。

对于额定电压为 U、额定功率为 P、工作频率为 f 的感性负载 R、L 来说，将功率因数从 $\lambda_1 = \cos\psi_1$ 提高到 $\lambda_2 = \cos\psi_2$，所需并联的电容为

$$C = \frac{P}{2\pi f U^2}(\tan\psi_1 - \tan\psi_2)$$

如图 3-46（a）所示为一感性负载的电路模型，由电阻 R 与电感 L 串联组成。在其两端并联电容之前，线路电流 $\dot{I}$（也就是负载电流 $\dot{I}_1$）滞后于电压 $\dot{U}$ 的相位差为 ψ_1。在感性负载两端并联电容 C 之后，负载电流 $\dot{I}_1$ 不变，但电压 $\dot{U}$ 与线路电流 $\dot{I}$ 之间的相位差变为 ψ_2，如图 3-46（b）所示。显然

$$\cos\psi_2 > \cos\psi_1$$

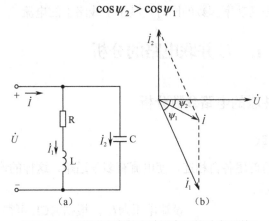

图 3-46　用并联电容的方法提高网络功率因数

并联电容后，网络整体的功率因数高于感性负载本身的功率因数。可见，提高功率因数是指提高电源或电网的功率因数，而不是指提高某个电感性负载的功率因数。并联电容没有影响负载的复阻抗，因而也不会改变负载的功率因数。

在电感性负载上并联了电容以后，减少了电源与负载之间的能量互换。这时电感性负载所需的无功功率大部分由电容供给，能量的互换主要发生在电感性负载与电容之间，因而使发电机容量得到充分利用。

由图 3-42 可见，并联电容以后线路电流也减小了，因而减少了功率损耗。应该注意，并联电容以后有功功率并未改变，因为电容是不消耗电能的。

【例 13】　提高功率因数的方法。

有一电感性负载，其功率 $P=10\text{kW}$，功率因数 $\cos\psi_1 = 0.6$，接入 $U=220\text{V}$ 的工频电源，

欲将功率因数提高到 $\cos\psi_2 = 0.95$ ，应为该负载并联一个多大的电容？并联电容前后线路中的电流分别是多少？

【解】 由图3-64（b）可得

$$I_C = \omega CU = I_1\sin\psi_1 - I_2\sin\psi_2$$
$$= \frac{P}{U\cos\psi_1}\sin\psi_1 - \frac{P}{U\cos\psi_2}\sin\psi_2$$
$$= \frac{P}{U}(\tan\psi_1 - \tan\psi_2)$$

所以

$$C = \frac{P}{\omega U^2}(\tan\psi_1 - \tan\psi_2)$$

由 $\cos\psi_1 = 0.6$ 得 $\tan\psi_1 \approx 1.33$ ，由 $\cos\psi_2 = 0.95$ 得 $\tan\psi_2 \approx 0.33$ ，代入上式得

$$C \approx \frac{10\times10^3}{2\times3.14\times50\times220^2}(1.33-0.33) \approx 658\mu F$$

并联电容前的线路电流（负载电流）为

$$I_1 = \frac{P}{U\cos\psi_1} = \frac{10\times10^3}{220\times0.6} \approx 75.8A$$

并联电容后的线路电流为

$$I_2 = \frac{P}{U\cos\psi_2} = \frac{10\times10^3}{220\times0.95} \approx 47.8A$$

可见，并联电容提高功率因数的同时，减小了线路中的电流。

技能拓展1　R、L、C并联电路的分析

一、单一元件并联的电路参数分析

1. 电阻元件的并联

将多个电阻元件的首尾各自相连，使电流有多条通路，这样的连接方式称为电阻元件的并联，如图3-47所示。

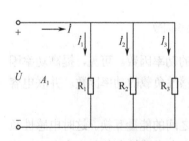

设端电压为 $\dot{U}$ ，根据 KCL 可得

$$\dot{I} = \dot{I}_1 + \dot{I}_2 + \dot{I}_3$$
$$= \frac{\dot{U}}{R_1} + \frac{\dot{U}}{R_2} + \frac{\dot{U}}{R_3}$$
$$= \dot{U}\left(\frac{1}{R_1} + \frac{1}{R_2} + \frac{1}{R_3}\right)$$
$$\frac{\dot{I}}{\dot{U}} = \frac{1}{R_1} + \frac{1}{R_2} + \frac{1}{R_3} = G$$

图3-47　电阻元件的并联电路

上式表明，并联连接的等效电阻的倒数（即电导 G ）等于并联的各电阻的倒数（电导）之和。

因此，在并联电路中遇到几个电阻并联时，可以将它们等效成一个电阻，从而简化计算。

此外，由于纯电阻并联电路中的端电压相等，而各电阻上的电压和电流同相，所以端电压和总电流也同相，总电流和各电阻上的电流同相，并满足 $\dot{I} = \dot{I}_1 + \dot{I}_2 + \dot{I}_3$。

笔记

2. 电容元件的并联

电容元件的并联电路如图 3-48 所示。

当电容并联时，每个电容两端的电压相同，各自所带的电荷量分别为

$$q_1 = C_1 u, \quad q_2 = C_2 u, \quad q_3 = C_3 u$$

则三个电容所带的总电荷量为

$$q = q_1 + q_2 + q_3$$
$$= C_1 u + C_2 u + C_3 u$$
$$= u(C_1 + C_2 + C_3)$$

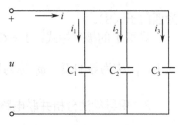

图 3-48　电容元件的并联电路

$$\frac{q}{u} = C = C_1 + C_2 + C_3$$

上式表明，几个电容并联的电路，总电容等于各并联电容之和。

此外，由于纯电容并联电路中的端电压相等，而各电容上的电压均滞后于电流 90°，总电流和各电容上的电流也同相，并满足 $\dot{I} = \dot{I}_1 + \dot{I}_2 + \dot{I}_3$。

3. 电感元件的并联

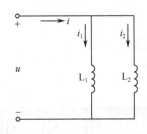

图 3-49　电感元件的并联电路

如图 3-49 所示为电感元件的并联电路。

由电感的伏安特性可知：

$$u = L_1 \frac{\mathrm{d}i_1}{\mathrm{d}t}$$

$$u = L_2 \frac{\mathrm{d}i_2}{\mathrm{d}t}$$

因此有

$$i_1 = \frac{1}{L_1} \int u \mathrm{d}t$$

$$i_2 = \frac{1}{L_2} \int u \mathrm{d}t$$

根据 KCL，有

$$i_1 + i_2 = i$$

即

$$\frac{1}{L_1} \int u \mathrm{d}t + \frac{1}{L_2} \int u \mathrm{d}t = \frac{1}{L} \int u \mathrm{d}t$$

有

$$\frac{1}{L_1} + \frac{1}{L_2} = \frac{1}{L}, \quad L = \frac{L_1 L_2}{L_1 + L_2}$$

其中，L 是 L_1 和 L_2 并联后的等效电感。

二、导纳法分析

1. 导纳

把复阻抗的倒数定义为导纳，用 Y 表示，单位为西门子（S），即

$$Y = \frac{1}{Z}$$

因为

$$Z = R + jX$$

所以

$$Y = \frac{1}{Z} = \frac{1}{R + jX} = \frac{R - jX}{R^2 + X^2} = \frac{R}{|Z|^2} - j\frac{X}{|Z|^2} = G + jB$$

可见导纳 Y 也是一个复数，实部 $G = \dfrac{R}{|Z|^2}$ 称为电导，虚部 $B = -\dfrac{X}{|Z|^2}$ 称为电纳，单位均为西门子（S）。

导纳 Y 的极坐标式：$Y = G + jB = |Y| \angle \varphi_Y$。

式中，$|Y|$ 称为导纳模，φ_Y 称为导纳角，满足关系式：$|Y| = \sqrt{G^2 + B^2}$，$\varphi_Y = \arctan\dfrac{B}{G}$。

2. 用导纳法分析并联电路

如图 3-50 所示为一个多支路并联电路，可知：

$$\dot{I}_1 = Y_1\dot{U}, \quad \dot{I}_2 = Y_2\dot{U}, \cdots, \quad \dot{I}_n = Y_n\dot{U}$$

总电流为

$$\begin{aligned}
\dot{I} &= \dot{I}_1 + \dot{I}_2 + \cdots + \dot{I}_n \\
&= Y_1\dot{U} + Y_2\dot{U} + \cdots + Y_n\dot{U} \\
&= (Y_1 + Y_2 + \cdots + Y_n)\dot{U} \\
&= Y\dot{U}
\end{aligned}$$

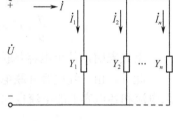

图 3-50　多支路并联电路

Y 为等效复导纳，则

$$\begin{aligned}
Y &= Y_1 + Y_2 + \cdots + Y_n \\
&= (G_1 + jB_1) + (G_2 + jB_2) + \cdots + (G_n + jB_n) \\
&= (G_1 + G_2 + \cdots + G_n) + j(B_1 + B_2 + \cdots + B_n) \\
&= G + jB
\end{aligned}$$

【例 14】　用导纳法计算支路电流。

如图 3-51 所示电路中，$R_1 = R_2 = 40\Omega$，$R_3 = 60\Omega$，$L = 42.9\text{mH}$，$C = 24\mu\text{F}$，接到电压为 $u = 344\sin700t\text{V}$ 的电源上，试求总电流及各支路电流。

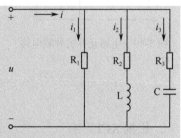

图 3-51　例 14 图

【解】　各电流、电压参考方向如图 3-51 所示。

$$X_L = \omega L = 700 \times 42.9 \times 10^{-3} \approx 30\Omega$$

$$X_C = \frac{1}{\omega C} = \frac{1}{700 \times 24 \times 10^{-6}} \approx 60\Omega$$

$$Y_1 = \frac{1}{R_1} = \frac{1}{40} = 0.025\text{S}$$

$$Y_2 = \frac{1}{R_2 + jX_L} = \frac{1}{40 + j30} \approx \frac{1}{50\angle36.9°} = 0.02\angle-36.9°\text{S}$$

$$Y_3 = \frac{1}{R_3 - jX_C} = \frac{1}{60 - j60} \approx \frac{1}{84.9\angle-45°} \approx 0.0118\angle45°\text{S}$$

设 $\dot{U} = 220\angle0°\text{V}$，则有

$$\dot{I}_1 = Y_1\dot{U} = 0.025 \times 220\angle0° = 5.5\angle0°\text{A}$$

$$\dot{I}_2 = Y_2\dot{U} = 0.02\angle-36.9° \times 220\angle0° = 4.4\angle-36.9° \approx 3.52 - j2.64\text{A}$$

$$\dot{I}_3 = Y_3\dot{U} = 0.0118\angle 45° \times 220\angle 0° \approx 2.6\angle 45° \approx 1.84 + j1.84\text{A}$$

$$\dot{I} = \dot{I}_1 + \dot{I}_2 + \dot{I}_3$$

$$= 5.5 + (3.52 - j2.64) + (1.84 + j1.84)$$

$$= 10.86 - j0.8 \approx 10.9\angle -4.2°\text{A}$$

把相量形式转换成正弦表达式:

$$i = 10.9\sqrt{2}\sin(700t - 4.2°)\text{A}$$

$$i_1 = 5.5\sqrt{2}\sin(700t)\text{A}$$

$$i_2 = 4.4\sqrt{2}\sin(700t - 36.9°)\text{A}$$

$$i_3 = 2.6\sqrt{2}\sin(700t + 45°)\text{A}$$

技能拓展2 谐振电路

谐振是电路中特有的一种现象,是频率选择的基础,电路的谐振对于某些类型的电子系统的工作,特别是通信领域的电子系统的工作尤为重要。例如,收音机或者电视机接收器选台的能力(选择某个电台的发射频率,同时屏蔽其他电台的频率)就是基于谐振原理的。

一、串联谐振

1. 什么是谐振

所谓谐振,是指含电容和电感元件的线性无源二端网络对某一频率的正弦激励(达稳态时)所表现出的端口电压与电流同相的现象。能发生谐振的电路称为谐振电路,谐振电路又分为串联谐振电路和并联谐振电路。

串联谐振电路由电感线圈和电容器串联组成,如图 3-52 所示。在角频率为 ω 的正弦电压作用下,该电路的复阻抗为

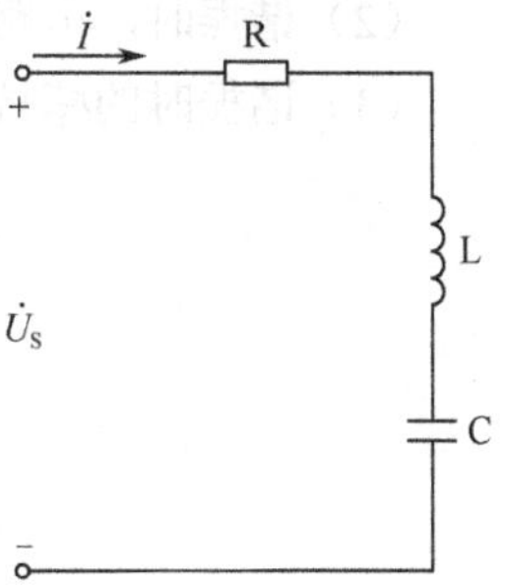

$$Z = R + j\left(\omega L - \frac{1}{\omega C}\right)$$

$$= R + j(X_L - X_C) = R + jX \tag{3-27}$$

$$= |Z|\angle\psi_Z = \sqrt{R^2 + X^2}\angle\arctan\frac{X}{R}$$

图 3-52 串联谐振电路

式中,感抗 $X_L = \omega L$,容抗 $X_C = \dfrac{1}{\omega C}$,电抗 $X = X_L - X_C$,阻抗角 $\psi_Z = \arctan\dfrac{X}{R}$ 均为电源角频率 ω 的函数。

2. 串联谐振的条件

谐振时 $\dot{U}_S$ 和 $\dot{I}$ 同相,即 $\psi_Z = 0$,所以电路谐振时应满足

$$X = 0$$

$$X_L = X_C \tag{3-28}$$

$$\omega L = \frac{1}{\omega C}$$

笔记

3. 串联谐振的频率、电路的固有频率

如电源角频率 $\omega = \omega_0$（或 $f = f_0$）时，电路发生串联谐振，由式（3-28）得

$$\omega_0 = \frac{1}{\sqrt{LC}}$$

$$f_0 = \frac{1}{2\pi\sqrt{LC}} \tag{3-29}$$

上式说明，当 R、L、C 串联电路谐振时，ω_0（f_0）仅取决于电路参数 L 和 C，当 L、C 一定时，ω_0（f_0）也随之确定，故称 ω_0（f_0）为电路的固有角频率（频率）。

对于给定的 R、L、C 串联电路，当电源角频率等于电路的固有角频率时，电路发生谐振。

若电源角频率 ω 一定，要使电路发生谐振，可以通过改变电路参数 L 或 C，以改变电路的固有角频率 ω_0，使 $\omega = \omega_0$ 时电路发生谐振。调节 L 或 C 使电路发生谐振的过程称为调谐。由谐振条件可知，调节 L 或 C 使电路发生谐振，电感与电容的关系为

$$L = \frac{1}{\omega^2 C}$$

$$C = \frac{1}{\omega^2 L}$$

4. 串联谐振的特征

（1）谐振时，阻抗最小，且为纯阻抗。

串联谐振时，电路的电抗 $X = 0$，因而 $Z = Z_0 = R + jX = R$，$|Z| = R$。

（2）谐振时，电路中的电流最大，且与外加电源电压同相。

（3）谐振时的感抗 X_{L0} 和 X_{C0} 相等，其值称为电路的特性阻抗 ρ。

$$\omega_0 = \frac{1}{\sqrt{LC}}$$

$$X_{L0} = \omega_0 L = \frac{1}{\sqrt{LC}}L = \sqrt{\frac{L}{C}} = \rho \tag{3-30}$$

$$X_{C0} = \frac{1}{\omega_0 C} = \sqrt{LC}\frac{1}{C} = \sqrt{\frac{L}{C}} = \rho \tag{3-31}$$

$$\omega_0 L = \frac{1}{\omega_0 C} = \sqrt{\frac{L}{C}} = \rho \tag{3-32}$$

ρ 的单位为 Ω，ρ 的大小仅取决于 L 和 C。

（4）谐振时，电感和电容上的电压大小相等，相位相反，且其大小为电源电压 U_S 的 Q 倍，Q 称为电路的品质因数。如图 3-53 所示为串联谐振时的电压、电流相量图。谐振时的电流为 $\dot{I}_0$，谐振时电感和电容上的电压为

$$\dot{U}_{L0} = jX_{L0}\dot{I}_0 = j\omega_0 L\frac{\dot{U}_S}{R} = jQ\dot{U}_S \tag{3-33}$$

$$\dot{U}_{C0} = -jX_{C0}\dot{I}_0 = -j\frac{1}{\omega_0 C}\frac{\dot{U}_S}{R} = -jQ\dot{U}_S \tag{3-34}$$

其中

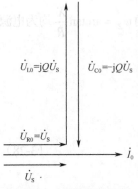

图 3-53 串联谐振时的电压、电流相量图

$$Q = \frac{\omega_0 L}{R} = \frac{1}{\omega_0 CR} = \frac{\rho}{R} \tag{3-35}$$

在实际电路中，Q 值比较大（几十到几百），所以串联谐振时，电感和电容上的电压往往高出电源电压很多倍（$U_{L0} = U_{C0} = QU_S$），因此，也称为电压谐振。在实际应用中，应注意这一现象。

（5）谐振时，电源仅供给电阻消耗能量，电源与电路不发生能量交换，而电感与电容之间则以恒定的总能量进行磁场能量和电场能量的转换。

串联电路谐振时，因为 $\psi_Z = 0$，所以电路的无功功率为零，即

$$Q = U_S I \sin \psi_Z = 0 \tag{3-36}$$

说明谐振时电感和电容之间进行能量的交换，而与电源之间无能量交换，电源只向电阻提供能量。

【例15】 分析串联谐振的特点。

如图 3-52 所示电路中，$R=10\Omega$，$L=50\mu H$，$C=200pF$，求电路的谐振频率 f_0、特性阻抗 ρ 和品质因数 Q；若电源电压 $U_S=1mV$，求谐振时电路中的电流和电容两端的电压。

【解】 由式（3-29）得

$$f_0 = \frac{1}{2\pi\sqrt{LC}} = \frac{1}{2\pi\sqrt{50\times10^{-6}\times200\times10^{-12}}} \approx 1.59MHz$$

由式（3-32）得

$$\rho = \sqrt{\frac{L}{C}} = \sqrt{\frac{50\times10^{-6}}{200\times10^{-12}}} = 500\Omega$$

由式（3-35）得

$$Q = \frac{\rho}{R} = \frac{500}{10} = 50$$

谐振时的电流为

$$I_0 = \frac{U_S}{R} = \frac{1\times10^{-3}}{10} = 0.1mA$$

谐振时的电容电压为

$$U_{C0} = QU_S = 50\times1\times10^{-3} = 0.05V$$

或

$$U_{C0} = X_{C0}I_0 = \rho I_0 = 500\times0.1\times10^{-3} = 0.05V$$

5. 串联谐振电路的频率特性

在串联电路中，电流谐振曲线如图 3-54 所示。由曲线可知，当 $\omega = \omega_0$ 时，回路中的电流最大，若 ω 偏离 ω_0，电流将减小，即远离 ω_0 的频率，回路中产生的电流很小。这说明串联谐振电路具有选择所需频率信号的能力，即可通过调谐选出 ω_0 附近的信号，同时对远离 ω_0 的信号给予抑制。所以在实际应用中，串联谐振电路常作为选频电路。

从曲线可看出：Q 值越大，谐振曲线越尖锐，回路的选择性越好；相反，Q 值越小，则曲线越平坦，回路的选择性越差。

为了说明选频特性的好坏，通常引入通频带的概念，一般规定：在电路的电流谐振曲线上，I/I_0 不小于 $1/\sqrt{2}$ 的频率范围为电路的通频带，用 f_{BW} 表示。

图 3-55 中 $f_1\sim f_2$ 的频率范围即为某电路的通频带，其中，f_2 和 f_1 分别称为通频带的上

笔记

边界频率和下边界频率。

由通频带的定义可知，在通频带的边界频率上，有

$$\frac{I}{I_0} = \frac{1}{\sqrt{2}}$$

可得到

$$f_{BW} = \frac{f_0}{Q} \tag{3-37}$$

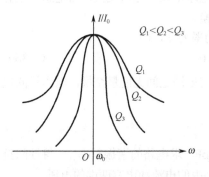

图 3-54 串联谐振电路的电流谐振曲线

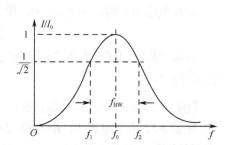

图 3-55 串联谐振电路的通频带

式（3-37）表明，串联谐振电路的通频带 f_{BW} 与电路的品质因数 Q 成反比，Q 值越大，谐振曲线越尖锐，通频带越窄，回路的选择性越好；相反，Q 值越小，通频带越宽，回路的选择性越差。所以，在实际应用中，应根据需要适当选择 f_{BW} 和 Q 的值。

【例 16】 串联谐振通频带。

串联谐振电路谐振于 770kHz，已知电路的电阻 $R=10\Omega$，若要求电路的通频带 $f_{BW}=10$kHz，则电路的品质因数是多少？电路的参数 L 和 C 分别为多少？

【解】 因为

$$f_{BW} = \frac{f_0}{Q}$$

所以

$$Q = \frac{f_0}{f_{BW}} = \frac{770}{10} = 77$$

$$\rho = QR = 77 \times 10 = 770\Omega$$

$$L = \frac{\rho}{2\pi f_0} \approx \frac{770}{2 \times 3.14 \times 770 \times 10^3} \approx 159\mu H$$

$$C = \frac{1}{2\pi f_0 \rho} \approx \frac{1}{2 \times 3.14 \times 770 \times 10^3 \times 770} \approx 269 pF$$

二、并联谐振

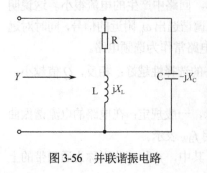

图 3-56 并联谐振电路

并联谐振电路由电感线圈和电容器并联组成，如图 3-56 所示。为了便于将并联谐振电路与串联谐振电路进行比较，对并联谐振电路同样定义其固有角频率、特性阻抗和品质因数分别如下。

$$\omega_0 = \frac{1}{\sqrt{LC}}, \quad \rho = \sqrt{\frac{L}{C}}, \quad Q = \frac{\rho}{R}$$

1. 并联谐振的条件

由图 3-56 所示电路可得电路的复导纳为

$$Y = \frac{1}{R + j\omega L} + j\omega C$$

$$= \frac{R}{R^2 + (\omega L)^2} + j\left[\omega C - \frac{\omega L}{R^2 + (\omega L)^2}\right]$$

$$= G + jB$$

并联谐振时，端口电压与电流同相，此时电路表现为纯阻性，电路的电纳为零，即复导纳的虚部为零，则并联谐振的条件为

$$\omega C - \frac{\omega L}{R^2 + \omega^2 L^2} = 0$$

即

$$\omega C = \frac{\omega L}{R^2 + \omega^2 L^2}$$

在实际电路中，由于满足 $Q \gg 1$ 的条件为 $\omega L \gg R$，由上式可得

$$\omega L \approx \frac{1}{\omega C}$$

所以，当 $Q \gg 1$ 时，并联谐振电路发生谐振时的固有角频率和固有频率分别为

$$\omega_0 = \frac{1}{\sqrt{LC}}$$

$$f_0 = \frac{1}{2\pi\sqrt{LC}} \tag{3-38}$$

调节 L、C 的参数值，或者改变电源频率，均可使并联电路发生谐振。

2. 并联谐振的特征

（1）谐振时，导纳为最小值，阻抗为最大值，且为纯阻性。

$$Y = \frac{R}{R^2 + (\omega L)^2}$$

$$Z = \frac{R^2 + (\omega_0 L)^2}{R} \approx \frac{(\omega_0 L)^2}{R} = Q\omega_0 L = Q\rho = \frac{\rho^2}{R}$$

通常 R 很小，相比之下 Z 很大。理想状态下，$R=0$，则回路阻抗趋于无穷大，这与串联谐振不同。

（2）并联谐振时，总电流最小，且与端电压同相。

（3）并联谐振时，电感支路与电容支路电流大小近似相等，为总电流的 Q 倍。

设谐振时回路的端电压为 $\dot{U}_0$，总电流为 $\dot{I}_0$，则 $\dot{U}_0 = \dot{I}_0 Q\omega_0 L = \dot{I}_0 Q \frac{1}{\omega_0 C}$，电感和电容支路的电流分别为

$$\dot{I}_{C0} = \frac{\dot{U}_0}{\dfrac{1}{j\omega_0 C}} = j\omega_0 C\dot{U}_0 = jQ\dot{I}_0 \tag{3-39}$$

$$\dot{I}_{L0} = \frac{\dot{U}_0}{R + j\omega_0 L} \approx \frac{\dot{U}_0}{j\omega_0 L} = \dot{I}_0 Q\omega_0 L\left(-j\frac{1}{\omega_0 L}\right) = -jQ\dot{I}_0$$

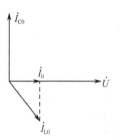

图 3-57 并联谐振时的电压和电流相量图

并联谐振时，Q 值一般可达几十到几百，Q 值越大，谐振时两支路电流比总电流越大，电容支路电流和电感支路电流的大小近似相等，是总电流 I_0 的 Q 倍，所以并联谐振又称为电流谐振。其电压和电流相量图如图 3-57 所示。

（4）并联谐振时，在并联的电容和电感之间发生电磁能量的转换，而电源与振荡电路之间没有发生能量转换，只是补充电路中电阻振荡的损耗。

【例 17】 分析并联谐振的特点。

电路如图 3-56 所示，已知电路参数 $R=10\Omega$，$L=0.01H$，$C=0.01\mu F$，求电路的品质因数 Q、并联谐振频率 f_0 和谐振阻抗 $|Z_0|$。

【解】

$$\rho = \sqrt{\frac{L}{C}} = \sqrt{\frac{0.01}{0.01\times10^{-6}}} = 1k\Omega$$

$$Q = \frac{\rho}{R} = \frac{1\times10^3}{10} = 100 \gg 1$$

$$f_0 = \frac{1}{2\pi\sqrt{LC}} \approx \frac{1}{2\times3.14\times\sqrt{0.01\times0.01\times10^{-6}}} \approx 15.9kHz$$

$$|Z_0| = Q^2R = 100^2\times10 = 100k\Omega$$

3．并联谐振的频率特性

并联谐振电路的电压谐振曲线如图 3-58 所示。

并联谐振电路的电压谐振曲线与串联谐振电路的电流谐振曲线具有相似的形状，说明 Q 值越大，曲线越尖锐，选择性越好。

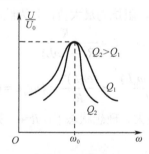

图 3-58　并联谐振电路的电压谐振曲线

4．并联谐振的通频带

并联谐振电路的通频带的定义和串联谐振电路的相同，一般规定：在电路的电压谐振曲线上 $U \geqslant \frac{1}{\sqrt{2}}U_0$ 的范围称为该回路的通频带，用 f_{BW} 表示。并联谐振回路的通频带为

$$f_{BW} = f_2 - f_1 = \frac{f_0}{Q} \tag{3-40}$$

因此，并联谐振电路同样存在通频带与选择性之间的矛盾，应根据需要选择参数。例如，电视机在接收某频道射频信号时，其接收信号部分既要有较宽的通频带（8MHz），又要有良好的选择性（抑制相邻频道信号）。

项目总结与实施

一、理论阐述

1. 日光灯电路的组成

日光灯电路是一个 R、L 串联电路，由日光灯管、镇流器、启辉器组成，如图 3-59 所示。由于电路中有较大的感抗元件，使得功率因数较低，可在电路两端并联电容元件，提高电路功率因数。

（1）日光灯管

日光灯管是一根玻璃管，内壁涂有一层荧光粉（钨酸镁、钨酸钙、硅酸锌等），不同的荧光粉可发出不同颜色的光。灯管

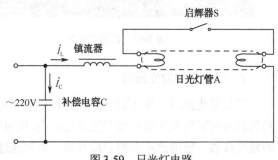

图 3-59 日光灯电路

内充有稀薄的惰性气体（如氩气）和水银蒸汽，灯管两端有钨制成的灯丝，灯丝上涂有受热后易于发射电子的氧化物。当灯丝中有电流通过时，管内灯丝发射电子，使管内温度升高，水银蒸发。这时，若在灯管的两端加上足够的电压，就会使管内氩气电离，从而使灯管由氩气放电过渡到水银蒸汽放电。放电时发出不可见的紫外光照射在管壁内的荧光粉上面，使灯管发出各种颜色的可见光。日光灯管实物如图 3-60 所示。

图 3-60 日光灯管实物

（2）镇流器

镇流器是与日光灯管相串联的一个元器件，实际上是绕在硅钢片铁芯上的电感线圈，其感抗值很高。镇流器有两个作用：一是限制灯管电流，防止日光灯管中气体电离时在高压作用下，发生"崩溃"电离，形成大电流烧坏灯管；二是产生足够的自感电动势，使灯管容易放电起燃。其与日光灯管相串联产生一定的电压降，用来限制、稳定灯管的电流，故称为镇流器。实验时，可以认为镇流器是由一个电阻 R_L 和一个电感 L 串联组成的。

镇流器实物如图 3-61 所示。

（3）启辉器

启辉器与灯管并联，是一个充满氖气的小玻璃泡，内装一对触片，一个是固定的静触片，另一个是用双金属片制成的 U 形动触片。动触片由两种热膨胀系数不同的金属制成，受热后，双金属片伸张与静触片接触，冷却时又分开。所以启辉器的作用是使电路自动接通和断开，起一个自动开关的作用。启辉器实物如图 3-62 所示。

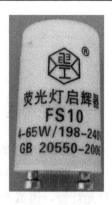

图 3-61　镇流器实物　　　　　　　　　　　　　图 3-62　启辉器实物

2．日光灯的发光原理

当接通电源时，由于日光灯没有被点亮，电源电压全部加在启辉器的两个触片之间，启辉器内的氖气发生电离而产生辉光放电。放电的高温使得 U 形动触片因受热而趋于伸直，两触片接触，使电流从电源一端开始，依次通过镇流器→灯丝→启辉器→灯丝，流向电源的另一端，形成通路并加热灯丝。灯丝中因有电流（称为启辉电流或预热电流）通过而发热，使氧化物发射电子。同时，启辉器的两个触片接通时，触片间的电压为零，启辉器内氖气的电离立即停止，使 U 形动触片因温度下降而复原，两触片断开。在断开的一瞬间，镇流器中流过的电流突然发生变化（突降至零）。在镇流器中的铁芯线圈的作用下，产生了较高的自感电动势。这个自感电动势连同电源电压一起加在灯管两端，使灯管内的惰性气体电离而产生弧光放电。随着管内温度的逐渐升高，水银蒸汽游离，碰撞惰性气体分子放电，当水银蒸汽放电时，就会辐射出不可见的紫外线，紫外线激发灯管内壁的荧光粉后发出可见光。正常工作时，灯管两端的电压较低（40W 灯管两端的电压约为 110V，20W 灯管的约为 60V），此电压不足以使启辉器再次产生辉光放电。因此，启辉器仅在启辉过程中起作用，一旦启辉完成，便处于断开状态。

3．日光灯的功率因数

日光灯工作时的等效电路如图 3-63 所示。灯管相当于电阻负载 R_A，镇流器用内阻 R_L 和电感 L 串联等效。由于镇流器本身电感较大，故整个电路的功率因数很低，整个电路的有功功率 P 包括灯管消耗功率 P_A 和镇流器内阻 R_L 消耗的功率 P_L。只要测出电路的功率 P、电流 I、总电压 U 及灯管电压 U_A，就能算出灯管消耗的功率 $P_A=IU_A$，镇流器内阻 R_L 消耗的功率 $P_L=P-P_A$，整个电路的视在功率 $S=UI$，功率因数 $\cos\psi_Z = \dfrac{P}{S} = \dfrac{P}{UI}$。

4．功率因数的提高

日光灯电路的功率因数较低，一般在 0.5 以下，为了提高电路的功率因数，可以采用在感性负载上并联电容的方法。此时总电流 $\dot{I}$ 与日光灯电流 $\dot{I}_L$ 和电容电流 $\dot{I}_C$ 三个相量之间的关系：$\dot{I} = \dot{I}_L + \dot{I}_C$，日光灯电路并联电容后的相量图如图 3-64 所示。由于电容支路的电流超前电压 90°，抵消了一部分日光灯支路电流中的无功分量，使电路的总电流 I 减小，从而提高了电路的功率因数。

当电容增加到一定值时，电容电流 I_C 等于日光灯电流中的无功分量，此时总电流下降到最小值，整个电路呈电阻性。若继续增加电容，总电流 I 反而增大，整个电路变为容性负载，功率因数反而下降。

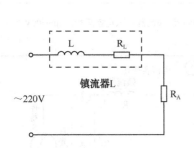

图 3-63 日光灯工作时的等效电路

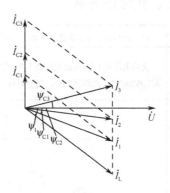

图 3-64 日光灯电路并联电容后的相量图

5. 日光灯电路的量化分析

日光灯照明实验基本电路如图 3-65 所示，电网电源相电压 $U_{U1}=U_{W1}=380V$，线电压 $U_{U1W1}=220V$，在实际实验时，为安全起见，将线电压 380V 经降压变压器降至 220V，送入 U1 相和 W1 相之间。日光灯管选用 FSL 型，其功率为 10W，日光灯两端灯丝电阻 r 很小，可忽略不计；镇流器选用 220V/50Hz，其功率为 13W；启辉器选用 FS10 型，其额定电压为 198～240V，功率为 4～65W。

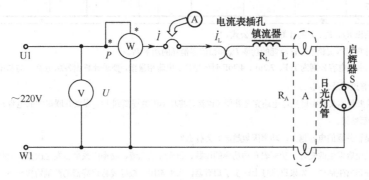

图 3-65 日光灯照明实验基本电路

交流电压表实测线电压 $U=U_{U1W1}=238V$，交流电流表实测电流 $I=0.185A$，$U_L=222V$，$U_A=43V$，有功功率 $P=19.7W$（功率表读数）。

灯管电阻：$R_A=U_A/I=43/0.185≈232Ω$

灯管有功功率：$P_A=U_AI=43×0.185=7.955W$

镇流器有功功率：$P_L=P-P_A=19.7-7.955=11.745W$

镇流器内阻：$R_L=P_L/I^2=11.745/(0.185)^2≈343Ω$

镇流器阻抗：$Z_L=U_L/I=222/0.185=1200Ω$

镇流器感抗：$X_L=\sqrt{Z_L^2-R_L^2}=\sqrt{1200^2-343^2}≈1150Ω$

镇流器电感：$L=X_L/\omega=X_L/2\pi f≈1150/(2×3.14×50)≈3.66H$

视在功率：$S=UI=238×0.185=44.03V·A$

功率因数：$P/S=19.7/44.03≈0.45$

通过上述计算可以看出，电路的功率因数比较小，因此为了提高电能的利用率，需要并联电容。

笔记

二、实操任务书

名称	日光灯照明电路的设计、安装、测试
元器件	交流电压表1个、交流电流表1个、功率表1个、自耦调压器1个、镇流器1个、电容器3个（1μF/500V、2.2μF/500V、4.7μF/500V）、启辉器1个、日光灯管（10W）1个

电路图
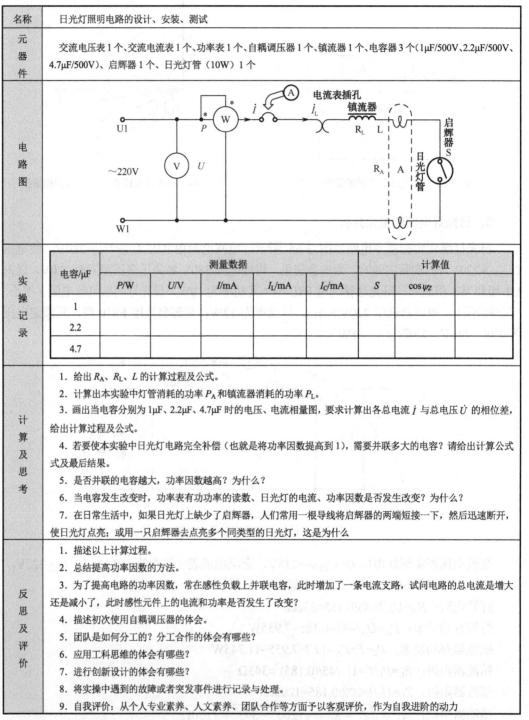

实操记录								
电容/μF	测量数据					计算值		
	P/W	U/V	I/mA	I_L/mA	I_C/mA	S	$\cos\psi_Z$	
1								
2.2								
4.7								

计算及思考
1. 给出 R_A、R_L、L 的计算过程及公式。
2. 计算出本实验中灯管消耗的功率 P_A 和镇流器消耗的功率 P_L。
3. 画出当电容分别为 1μF、2.2μF、4.7μF 时的电压、电流相量图，要求计算出各总电流 $\dot{I}$ 与总电压 $\dot{U}$ 的相位差，给出计算过程及公式。
4. 若要使本实验中日光灯电路完全补偿（也就是将功率因数提高到1），需要并联多大的电容？请给出计算公式式及最后结果。
5. 是否并联的电容越大，功率因数越高？为什么？
6. 当电容发生改变时，功率表有功功率的读数、日光灯的电流、功率因数是否发生改变？为什么？
7. 在日常生活中，如果日光灯上缺少了启辉器，人们常用一根导线将启辉器的两端短接一下，然后迅速断开，使日光灯点亮；或用一只启辉器去点亮多个同类型的日光灯，这是为什么

反思及评价
1. 描述以上计算过程。
2. 总结提高功率因数的方法。
3. 为了提高电路的功率因数，常在感性负载上并联电容，此时增加了一条电流支路，试问电路的总电流是增大还是减小了，此时感性元件上的电流和功率是否发生了改变？
4. 描述初次使用自耦调压器的体会。
5. 团队是如何分工的？分工合作的体会有哪些？
6. 应用工科思维的体会有哪些？
7. 进行创新设计的体会有哪些？
8. 将实操中遇到的故障或者突发事件进行记录与处理。
9. 自我评价：从个人专业素养、人文素养、团队合作等方面予以客观评价，作为自我进阶的动力

科学家的故事

戴维南的故事：善于解决实际问题的工程师

莱昂·夏尔·戴维南，法国工程师。1883年戴维南提出了关于线性含源二端网络可以等效为一个线性时不变含源二端网络定理，也就是戴维南定理。

戴维南于 1876 年毕业于巴黎综合理工学院，1882 年成为综合高等学院的讲师后，他对电路测量问题产生了浓厚的兴趣。在研究了基尔霍夫定律以及欧姆定律后，他提出了著名的戴维南定理，用于计算更复杂电路中的电流。定理指出，一个含有独立电源的线性二端网络 N 就其外部性态而言，可以用一个独立电压源和一个松弛二端网络的串联组合来等效。其中独立电压源是网络 N 的开路电压；松弛二端网络是将原网络 N 中的全部独立电源和所有动态元件上的初始条件置零后得到的网络。根据戴维南定理求得的等效网络称为戴维南等效网络，其中的电路参数和电源电压可用实验方法测出或由原二端网络计算得出。求等效网络的关键是求出网络 N 的开口电压和松弛网络的入端阻抗。

正是戴维南的这一发现，让原本复杂难懂的电路化简变得通俗易懂，更易于理解与运用。

难点解析及习题

对本课题中的重、难点知识进行解析，并以例题、练习对应的方式进行学习指导和测试。

1. 相位

【例18】（判断题）同一电路中两物理量为反相关系，则初相之差为90°。

【解】 错。

【练习1】 同一电路中两物理量为反相关系，已知一个初相 $\varphi_{01}=-30°$，则另一个初相 φ_{02} 为多少？

难点解析（正弦交流电的描述）

2. 正弦交流电的表达式

（1）利用三要素，求正弦量的瞬时值。

【例19】 已知一正弦电流的 $I_m=10A$，频率 $f=50Hz$，初相 $\varphi=\pi/4$，求 $t=2ms$ 时的瞬时值。

【解】 根据定义，写出正弦电流的瞬时值表达式。

$$i(t) = I_m \sin(\omega t + \varphi) = 10 \sin\left(100\pi t + \frac{\pi}{4}\right) A$$

当 $t=2ms$ 时，$i(t) = 10 \sin\left(100\pi \times 2 \times 10^{-3} + \frac{\pi}{4}\right) \approx 9.9A$。

【练习2】 已知一正弦电压的 $U_m=220mV$，$T=0.02s$，初相 $\varphi=\pi/3$，求 $t=5ms$ 时的瞬时值。

（2）已知正弦波波形，利用三要素法，求解析式和瞬时值。

【例20】 图3-66给出了正弦电压 u_{ab} 的波形，写出 u_{ab} 的解析式，并求出在 $t=100ms$ 时的值。

【解】 由波形可知，u_{ab} 的最大值为300mV，频率是1kHz，角频率为2000πrad/s，初相为π/6，则解析式为

$$u_{ab}(t) = U_m \sin(\omega t + \varphi) = 300 \sin\left(2000\pi t + \frac{\pi}{6}\right) mV$$

当 $t=100ms$ 时，$u_{ab}(0.1) = 300 \sin\left(2000\pi \times 0.1 + \frac{\pi}{6}\right) \approx 150mV$。

【练习3】图3-66给出了正弦电流 i_{ab} 的波形，写出 i_{ab} 和 i_{ba} 的解析式，并求出在 $t=100ms$ 时的值。

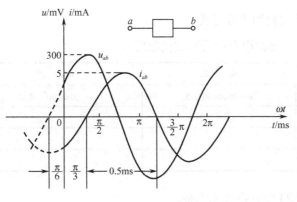

图 3-66　例 20 图

（3）利用两要素，写相量表达式。

【例 21】 已知 $\dot{I}=2\angle-\dfrac{\pi}{6}\mathrm{A}$，求其瞬时值表达式及波形图、相量图。

【解】 由相量式可得 $I=2\mathrm{A}$，$\varphi=-\pi/6$，由此得相量图如图 3-67（a）所示。

其瞬时值表达式为 $i(t)=2\sqrt{2}\sin\left(\omega t-\dfrac{\pi}{6}\right)\mathrm{A}$。波形图如图 3-67（b）所示。

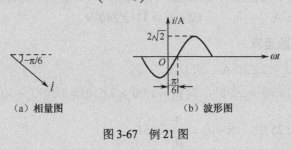

（a）相量图　　　　　　　　（b）波形图

图 3-67　例 21 图

【练习 4】 已知相量图如图 3-68 所示，写出其相量式、瞬时值表达式。

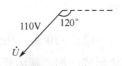

图 3-68　练习 4 图

3. 复数代数形式转为极坐标式

【例 22】 将复数代数形式写成极坐标式。

代 数 形 式	模	辐角	极 坐 标 式
3+j4	$r=\sqrt{3^2+4^2}=5$	$\theta=\arctan\dfrac{4}{3}\approx53.1°$ （第一象限）	$5\angle53.1°$
−4+j3			
6−j8			
−10−j10			

【练习 5】 将例 22 中表格补充完整。

4. 复数极坐标式转为代数形式

【例23】 将下列复数极坐标式写成代数形式。

极 坐 标 式	实 部	虚 部	代 数 形 式
$10\angle 60°$	$a = 10\cos 60° = 5$	$b = 10\sin 60° \approx 8.66$	$5+j8.66$
$10\angle -30°$			
$20\angle -53.1°$			
$5\angle 126.9°$			

【练习6】 将例23中表格补充完整。

5. 相量与解析式的关系

【例24】 已知正弦量的相量为 $\dot{I} = 8\angle 30°\text{A}$ ，频率 $f=50\text{Hz}$ ，写出正弦量的解析式。

【解】
$$f=50\text{Hz} \Rightarrow \omega = 2\pi f \approx 2\times 3.14\times 50 = 314\text{rad/s}$$
$$I = 8\text{A} \Rightarrow I_{\text{m}} = 8\sqrt{2}\text{A}$$
则
$$i = 8\sqrt{2}\sin(314t + 30°)\text{A}$$

【练习7】 写出下列各相量对应的瞬时值表达式（设角频率为 ω ）。

（1）$\dot{I} = 10\angle 118°\text{A}$　　　　（2）$\dot{U} = 311\angle 240°\text{V}$

6. 相量的乘、除运算

【例25】 已知 $\dot{I}_1 = 2\angle 30°\text{A}$ ，求 $j\dot{I}_1$ 。

【解】 因为 $j = 1\angle 90° = \angle 90°$ ，故 $j\dot{I}_1 = \angle 90° \times 2\angle 30° = 2\angle(90° + 30°) = 2\angle 120°\text{A}$ 。

【练习8】 在例25中，求 $-j\dot{I}_1$ 、 $\dfrac{1}{j\dot{I}_1}$ 、 $6\dot{I}_1$ 。

7. 相量的加、减运算

（1）基于代数形式的加、减运算。

【例26】 已知 $\dot{I}_1 = 2\angle 30°\text{A}$ ， $\dot{I}_2 = 12\angle -30°\text{A}$ ，用代数形式求 $\dot{I}_1 - \dot{I}_2 = ?$

【解】 首先要将相量转化为代数形式，加、减运算结果要转换为极坐标式。
$$\dot{I}_1 = 2\angle 30° = 2\cos 30° + j2\sin 30° \approx 1.732 + j\text{A}$$
$$\dot{I}_2 = 12\angle -30° = 12\cos(-30°) + j12\sin(-30°) \approx 10.4 - j6\text{A}$$
则
$$\dot{I}_1 - \dot{I}_2 = (1.732 - 10.4) + j(1 - (-6)) \approx -8.7 + j7\text{A}$$
$$= \sqrt{(-8.7)^2 + 7^2}\angle \tan^{-1}\frac{7}{-8.7} \approx 11\angle 142°\text{A}$$

【练习9】 在例26中，求 $\dot{I}_1 + \dot{I}_2 = ?$

（2）基于极坐标式运用相量图进行加法运算。

【例27】 应用相量图求解练习9。

【解】 如图3-69所示，由余弦定理可得
$$I_+ = \sqrt{2^2 + 12^2 - 2\times 2\times 12\cos 120°} \approx 13.1\text{A}$$

$$\cos(30° + \varphi_+) = \frac{2^2 + 13.1^2 - 12^2}{2 \times 2 \times 13.1} \approx 0.6$$

因此　　　　　　$\varphi_+ = (\cos^{-1}0.6) - 30° \approx 22.5°$

由图 3-69 相位关系得 $\dot{I}_1 + \dot{I}_2 = \dot{I}_+ = I_+\angle-\varphi_+ = 13.1\angle-22.5°A$。

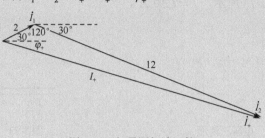

图 3-69　相量图加法运算

【练习 10】　已知 $\dot{U}_1 = 100\angle-45°V$，$\dot{U}_2 = 70.7\angle90°V$，用相量图求 $\dot{U}_1 + \dot{U}_2 = ?$

（3）运用相量图进行减法运算。

【例 28】　利用相量图求解例 26。

【解】　如图 3-70 所示，由余弦定理得

$$I_- = \sqrt{2^2 + 12^2 - 2 \times 2 \times 12\cos60°} \approx 11.1A$$

$$\cos\theta = \frac{12^2 + 11.1^2 - 2^2}{2 \times 12 \times 11.1} \approx 0.99$$

故 $\theta = \cos^{-1}0.99 = 8°$，由此可得 $\varphi_- = 180° - \theta - 30° = 142°$。

由图 3-69 中相位关系得 $\dot{I}_1 - \dot{I}_2 = \dot{I}_- = I_-\angle\varphi_- = 11.1\angle142°A$。

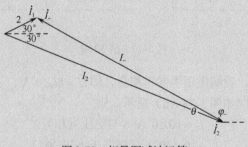

图 3-70　相量图减法运算

【练习 11】　已知 $\dot{U}_1 = 100\angle-45°V$，$\dot{U}_2 = 70.7\angle90°V$，用相量图法求 $\dot{U}_1 - \dot{U}_2 = ?$

8. R、L、C 串联电路相量分析法

【例 29】　如图 3-71 所示电路中，电压表 V_1、V_2、V_3 的读数都是 50V，求图 3-71（c）中电压表 V 的读数，并绘制相量图，说明阻抗性质。

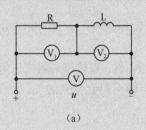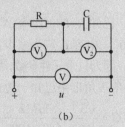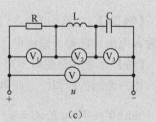

(a)　　　　　　　　(b)　　　　　　　　(c)

图 3-71　例 29 图

难点解析（交流电路分析）

【解】 如果只求表的读数则只涉及电压的大小，所以直接应用电压三角形求解。代入参数，电压三角形如图 3-72 所示，即得

$$V = \sqrt{V_1^2 + V_x^2} = 50\text{V}$$

绘制相量图如图 3-73 所示，$\dot{I} = I\angle 0°\text{A}$。

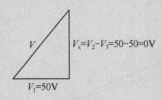

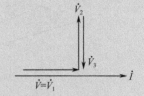

图 3-72　电压三角形　　　　　　　　　图 3-73　相量图

由相量图可知，电压和电流同相，即为阻性负载。

【练习 12】 求图 3-71（a）、（b）中电压表的读数，并绘制相量图，说明阻抗性质。

【例 30】 如图 3-74（a）所示电路中，已知电流表 A_1、A_2 的读数都是 10A，求电路中电流表 A 的读数。

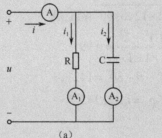

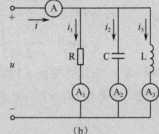

(a)　　　　　　　　　　　　　　　(b)

图 3-74　例 30 图

【解】 并联电路中，设端电压为参考相量，即 $\dot{U} = U\angle 0°\text{V}$。

选定电流的参考方向如图 3-74（a）所示，则

$$\dot{I}_1 = 10\angle 0°\text{A} \quad （与电压同相）$$

$$\dot{I}_2 = 10\angle 90°\text{A} \quad （超前于电压 90°）$$

由 KCL 得

$$\dot{I} = \dot{I}_1 + \dot{I}_2 = 10\angle 0° + 10\angle 90° = 10 + \text{j}10 = 10\sqrt{2}\angle 45°\text{A}$$

所以电流表 A 的读数是 $10\sqrt{2}\,\text{A}$。

【练习 13】 如图 3-74（b）所示电路中，已知电流表 A_1、A_2、A_3 读数都是 10A，求电路中电流表 A 的读数。

【例 31】 电路如图 3-75 所示，已知 $R=680\Omega$，输入端口电压的频率 $\omega = 1000\text{rad/s}$，欲使输入电压 u_i 超前于输出电压 u_o 60°，电容 C 应为多少？

【解】 绘制相量图如 3-76 所示，因为只求元件参数，利用相似性，直接得到阻抗三角形。

由三角形的相似性，在阻抗直角三角形中已知一边一角，即可得到任意边长。

$$\tan 60° = \frac{R}{X_C} = R\omega C = \sqrt{3}，则 C = \frac{\sqrt{3}}{R\omega} \approx \frac{1.732}{680 \times 1000} \approx 2.5\mu\text{F}。$$

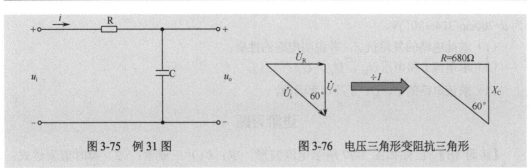

图 3-75　例 31 图　　　　　　图 3-76　电压三角形变阻抗三角形

【练习 14】　R、C 串联电路中，$C=0.01\mu F$，输入端口电压的频率 $\omega=6280rad/s$，电阻两端输出电压为 u_o，欲使输出电压 u_o 超前于输入电压 u_i 60°，应配备多大的电阻 R？

9. 复阻抗串并联电路分析法

【例 32】　一个 R、L、C 串联电路，外加电压为 $u=12\sin(6280t+30°)$V，若 $R=15\Omega$，$L=3mH$，$C=100\mu F$，设各元件上电压、电流参考方向关联。求：

（1）电路中的电流 i；

（2）各元件上的电压 u_R、u_L、u_C；

（3）电路的 P、Q 和 S；

（4）确定电路的性质。

【解】（1）$X_L=\omega L=6280\times3\times10^{-3}\approx18.8\Omega$

$$X_C=\frac{1}{\omega C}=\frac{1}{6280\times100\times10^{-6}}\approx1.59\Omega$$

$$Z=R+j(X_L-X_C)=15+j(18.8-1.59)=15+j17.21\approx22.8\angle48.9°\Omega$$

$$\dot{I}=\frac{\dot{U}}{Z}=\frac{\frac{12}{\sqrt{2}}\angle30°}{22.8\angle48.9°}\approx\frac{0.526}{\sqrt{2}}\angle-18.9°A$$

则 $i=0.526\sin(6280t-18.9°)$A。

（2）$\dot{U}_R=\dot{I}R=\frac{0.526}{\sqrt{2}}\angle-18.9°\times15=\frac{7.89}{\sqrt{2}}\angle-18.9°V$

电压 $u_R=7.89\sin(6280t-18.9°)$V。

$$\dot{U}_L=jX_L\dot{I}=\frac{0.526}{\sqrt{2}}\angle-18.9°\times18.8\angle90°=\frac{9.89}{\sqrt{2}}\angle71.1°V$$

电压 $u_L=9.89\sin(6280t+71.1°)$V。

$$\dot{U}_C=-jX_C\dot{I}=\frac{0.526}{\sqrt{2}}\angle-18.9°\times1.59\angle-90°\approx\frac{0.836}{\sqrt{2}}\angle-108.9°V$$

电压 $u_C=0.836\sin(6280t-108.9°)$V。

（3）$P=\frac{1}{2}U_mI_m\cos\psi_Z=\frac{1}{2}\times12\times0.526\times\cos48.9°\approx2.07$W

$$Q=\frac{1}{2}U_mI_m\sin\psi_Z=\frac{1}{2}\times12\times0.526\times\sin48.9°\approx2.39\text{var}$$

$$S=\frac{1}{2}U_mI_m=\frac{1}{2}\times12\times0.526=3.156\text{V}\cdot\text{A}$$

（4）由 $X_L>X_C$ 或阻抗角=48.9°>0，可以判断电路呈电感性。

【练习 15】　在 R、L、C 串联电路中，已知 $R=10\Omega$，$L=16mH$，$C=212\mu F$，电源电压

为 $u=200\sin(314t+30°)$V。

（1）求此电路的复阻抗 Z，并说明电路的性质；

（2）求电流 $\dot{I}$ 和电压 $\dot{U}_R$、$\dot{U}_L$、$\dot{U}_C$；

（3）求该电路的 P、Q、S 及功率因数。

进阶习题

进阶习题详解

【练习16】 已知如图3-77所示电流波形，求：（1）三要素；（2）瞬时值表达式；（3）相量式及相量图。

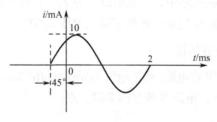

图3-77 练习16图

详解一

【练习17】 如图3-78所示电路中，各电容均相等，直流电源的数值和工频交流电源电压有效值相同，问哪一个电流表的读数最大？哪个为零？为什么？

详解二

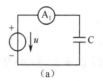（a） 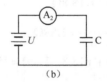（b） 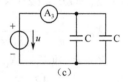（c）

图3-78 练习17图

【练习18】 电路如图3-79所示，外加正弦电压源 $u_s(t)=50\sqrt{2}\sin(100t+30°)$V，测得电流 $i(t)=5\sqrt{2}\sin 100t$ A。试求：（1）电路参数 R 和 X；（2）相位差 ψ_Z，并说明电路呈电感性还是电容性；（3）电路消耗的有功功率 P 和无功功率 Q。

【练习19】 电路如图3-80所示，$\dot{U}=10\angle 0°$V。求：（1）阻抗 $Z=$?（2）$\dot{I}=$?（3）有功功率 $P=$?（4）无功功率 $Q=$?（5）视在功率 $S=$?（6）复功率 $\tilde{S}=$?

【练习20】 在图3-81所示的电路中，$U=100$V，$C=20\mu F$，$\omega=1.25\times 10^4$rad/s 时测得 $U_1=130$V，$U_2=40$V，求 Z。

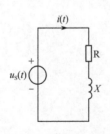

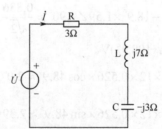

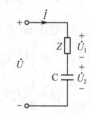

图3-79 练习18图　　　　　图3-80 练习19图　　　　　图3-81 练习20图

【练习21】 在如图3-82所示正弦稳态电路中，已知网络 N 是线性无源网络，且其消耗的有功功率和无功功率分别为 4W 和 12var，若 $\dot{U}_1$ 超前 $\dot{U}_S$ 30°，求在电源频率为 100Hz

时网络 N 的等效电阻。

【练习22】 如图 3-83 是某输电线路的电路图，其中 r 和 X_1 分别为输电线的损耗电阻和等效感抗，已知 $r=X_1=6\Omega$，Z_2 为感性负载，其消耗功率 $P=500\text{kW}$，Z_2 的端电压 $U_2=5.5\text{kV}$，功率因数为 0.91。求输入端电压的有效值 U 和输电损耗的功率。

【练习23】电路如图 3-84 所示，已知 $\dot{U}_{ab}=1\text{V}$，求 $\dot{U}$ 和 $\dot{I}$。

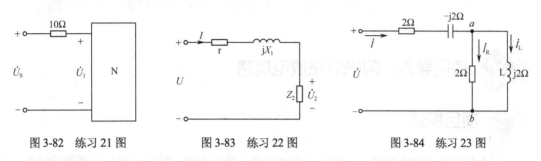

图 3-82 练习 21 图　　　　图 3-83 练习 22 图　　　　图 3-84 练习 23 图

【练习24】 电路如图 3-85 所示，已知工频下电源输入端口电压为 100V，$P=300\text{W}$，$\lambda=\cos\psi_Z=1$，求 I_C。

【练习25】 电路如图 3-86 所示，调整电容 C 的大小，使开关 K 断开和闭合时，流过电流表的读数保持不变，试求电容 C 的值（$f=50\text{Hz}$）。

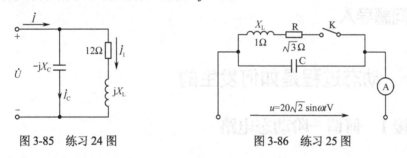

图 3-85 练习 24 图　　　　　　图 3-86 练习 25 图

【练习26】 电路如图 3-87 所示，试求无源网络等效阻抗，以及整个电路的有功功率、无功功率、视在功率。

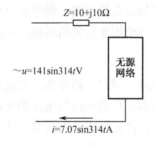

图 3-87 练习 26 图

课题四　一阶动态电路的分析

项目导入：闪光灯充放电电路

项目描述

　　闪光灯充放电电路主要分三部分：充电电路、放电电路、控制电路。本课题只对充、放电电路加以研究分析，以此作为研究对象，深入观察其工作过程，建立对动态电路基本的认知，包括一阶动态电路及换路定律，一阶零输入响应电路、一阶零状态响应电路、一阶全响应电路的认知及分析（三要素法和图解法），学以致用，量化分析闪光灯充放电电路。

问题导入

任务一　动态过程是如何发生的

知识链接 1　何谓一阶动态电路

一阶动态
电路描述

1. 何谓"动态"

　　"动态"，就是指过渡过程。停在站内的火车的速度为零，是一种稳定状态；若其驶出车站后，在某区间内以一定速度匀速直线行驶，则是另一种稳定状态。火车从前一种稳定状态到后一种稳定状态，需经历一个加速行驶的过程，这就是过渡过程。

2. 一阶动态电路

　　有且只有一个储能元件的电路，就是一阶电路，其过渡过程就称为一阶动态电路。

　　储能元件指电容和电感。电容元件的电流与电压的变化率成正比，电感元件的电压则与其电流的变化率成正比，因而储能元件也称为动态元件。由于动态元件的 VCR 是微分关系，所以，含动态元件的电路即动态电路的 KCL、KVL 方程都是微分方程。只含一个动态元件的电路只需用一阶微分方程来描述，故称为一阶电路。

3. 何谓换路及动态电路产生的条件

　　打破前一个稳态的平衡，就是动态的开始，这个瞬间称为"换路"。换路产生的原因，可以是电路开关的接通或断开、激励或参数的突变等，对一个稳态电路而言就是一个外加的扰动，这也是电路产生过渡过程的外部必备条件。

　　此时，如果电路中含有电感或电容这样的储能元件，阻碍新的稳态的建立，会使两个稳态之间产生明显的过渡过程。因此，电路中存在储能元件就是电路产生过渡过程的内部必备条件。

在日光灯电路中，把开关接通，灯通常不会马上点亮，眼睛会观察到明显的过渡过程。一般这个过程很短，故也称为暂态过程。

图 4-1（a）中，电路中含有一个储能元件（电感）且由开关控制其通断，这样的电路就具备产生过渡过程的条件，称为一阶 RL 动态电路。

图 4-1（b）所示电路和图 4-1（a）类似，只是储能元件为电容，所以称为一阶 RC 动态电路。

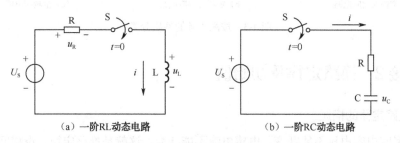

（a）一阶RL动态电路　　　　（b）一阶RC动态电路

图 4-1　典型一阶动态电路

4．动态电路的研究内容

如图 4-2 所示为一个完整的动态过程：前一个稳态、动态过渡过程和下一个稳态。

虽然我们的研究定位在动态过程中某一个物理量随时间变化的规律 $f(t)$，但其起点、终点却和 $t=0$、$t \to \infty$ 时刻的稳态有关。

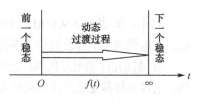

图 4-2　一个完整的动态过程

因此，下一步需要研究的内容包括：

① 在前一个稳态中，对后面的动态有影响的物理量是什么？怎么量化计算？

② 在换路的瞬间到底发生了什么？怎么量化分析？

③ 在过渡过程中，各元件、各物理量间变化的约束规律是什么？

④ 下一个稳态发生在什么时刻？怎么量化分析？

5．动态电路的分类

可将动态电路分为三种：

（1）按储能元件个数分类

如果含有 1 个、2 个或多个储能元件，则对应称为一阶动态电路、二阶动态电路或高阶动态电路。本书只涉及一阶动态电路。

（2）按储能元件的性质分类

单一含有电感元件的（见图 4-1（a）），可以称为 RL 动态电路；单一含有电容元件的（见图 4-1（b）），可以称为 RC 动态电路；同时含有电感和电容元件的，可以称为 RLC 动态电路。

（3）按激励源的性质分类

如图 4-3 所示，换路后电路的激励源如果仅由储能元件的初始值产生，即储能元件的初始值非零，外电源输入为零，这类电路称为零输入响应电路（见图 4-3（a））；如果激励源仅由外电源提供，即储能元件的初始值为零，这类电路称为零状态响应电路（见图 4-3（b））；如果激励源由外电源和储能元件的初始值共同提供，即储能元件的初始值非零，外

笔记

电源输入非零，这类电路称为全响应电路（见图4-3（c））。

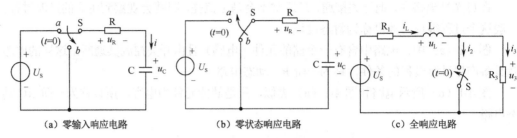

（a）零输入响应电路　　　　（b）零状态响应电路　　　　（c）全响应电路

图4-3　按激励源的性质分类

知识链接2　换路定律及初始值

1. 换路定律的描述

换路瞬间电容电压不能跃变，电感电流不能跃变，这就是换路定律。设瞬间（$t=0$）发生换路，则换路定律可表示为

$$\left.\begin{array}{c} u_C(0_+) = u_C(0_-) \\ i_L(0_+) = i_L(0_-) \end{array}\right\} \tag{4-1}$$

其中，0_-表示 t 从负值趋于零的极限，即换路前的最后瞬间，代表换路前一个稳态的信息；0_+则表示 t 从正值趋于零的极限，即换路后的最初瞬间，代表换路后的初始状态。

含储能元件的电路换路后之所以会出现过渡过程，是由储能元件的能量不能跃变所决定的。电容元件和电感元件都是储能元件，实际电路中电容和电感的储能都只能连续变化，这是因为实际电路所提供的功率只能是有限值。如果它们的储能发生跃变，则意味着功率为

$$p = \frac{dw}{dt} \to \infty$$

即电路需向它们提供无限大的功率，这实际上是不可能的。

因为电容元件储存的能量为 $w_C = \frac{1}{2}Cu_C^2$，电感元件储存的能量为 $w_L = \frac{1}{2}Li_L^2$，因此储能不能发生跃变，就是电容电压不能发生跃变，电感电流不能发生跃变。这一规律从储能元件的 VCR 中也可以看出。

电容元件的 VCR 为 $i_C = C\dfrac{du_C}{dt}$，实际电路中电容元件的电流为有限值，即电压的变化率 $\dfrac{du_C}{dt}$ 为有限值，当 $dt=0$ 时 $du_C=0$，意味着电压 u_C 的变化是连续的。

电感元件的 VCR 为 $u_L = L\dfrac{di_L}{dt}$，实际电路中电感元件的电压为有限值，即电流的变化率 $\dfrac{di_L}{dt}$ 为有限值，当 $dt=0$ 时 $di_L=0$，意味着电流 i_L 的变化是连续的。

实际电路中 u_C、i_L 的这一规律适用于任一时刻，也适用于换路瞬间。

2. 初始值的计算

从式（4-1）可知，$t=0$ 时刻包含两种状态，需要研究两类信息。

① 换路前一瞬间记为 $t=0$ 时刻，代表换路前一个稳态的信息。与换路后有关联的信息，有且只有储能元件的能量值，即电容 $u_C(0_-)$ 和电感 $i_L(0_-)$，称为 $t=0$ 时刻的稳态值。

② 换路后一瞬间记为 $t=0_+$ 时刻，代表换路后的初始状态。与换路前有关联的信息，有且只有储能元件的能量值，即电容 $u_C(0_+)$ 和电感 $i_L(0_+)$，称为 $t=0_+$ 时刻的初始值。

【初始值求解步骤】

① 换路前的电路（$t=0_-$），直流稳态下，电容相当于开路，电感相当于短路。

② 换路前的电路（$t=0_-$），只求电感中电流 $i_L(0_-)$ 或者电容中电压 $u_C(0_-)$。

这是因为只有 $u_C(0_-)$、$i_L(0_-)$ 的信息影响换路后的状态（换路定律），其他电压、电流在 $t=0$ 瞬间可能发生跃变，因而计算它们在 $t=0_-$ 时刻的瞬时值对分析过渡过程是毫无价值的。

③ 由换路定律得电容 $u_C(0_+)$ 和电感 $i_L(0_+)$。

④ 以初始状态即电容电压、电感电流的初始值为已知条件（可以视为恒压源或者恒流源），根据换路后（$t=0_+$）的电路进一步计算其他电压、电流的初始值。

【例1】 直流稳态值的求解。

如图 4-4（a）所示 RC 电路中，$U_S=10\text{V}$，$R_1=15\Omega$，$R_2=5\Omega$，开关 S 闭合电路处于稳态。求此时稳态值 $u_C(0_-)$。

【解】 换路前开关 S 闭合不动作，即处于直流稳态，电容 C 相当于开路，等效为图 4-4（b）所示电路，两电阻串联分压，故

$$u_C(0_-) = u_2(0_-) = \frac{R_2}{R_1+R_2}U_S = \frac{5}{15+5} \times 10 = 2.5\text{V}$$

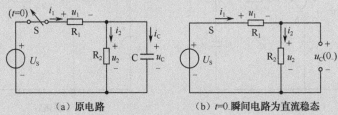

（a）原电路   （b）$t=0_-$ 瞬间电路为直流稳态

图 4-4 例 1 图

【例2】 初始值的求解。

如图 4-4（a）所示 RC 电路，求开关 S 断开瞬间电路中各个电压和电流的初始值。

【解】（1）求储能元件在 $t=0_-$ 时刻对应的稳态值：$u_C(0_-)=2.5\text{V}$。

（2）由换路定律，求得 $u_C(0_+)=u_C(0_-)=2.5\text{V}$。

（3）作出换路后 $t=0_+$ 时刻电路图，其中电容端电压标注为 $u_C(0_+)$，如图 4-5 所示，为 2.5V。

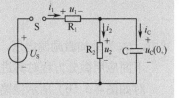

图 4-5 $t=0_+$ 时刻电路图

（4）在图中求其他物理量的初始值（应用欧姆定律及基尔霍夫定律）。

电阻 R_2 与电容 C 并联，故 R_2 两端电压：$u_2(0_+)=u_C(0_+)=2.5\text{V}$。

通过 R_2 的电流：$i_2(0_+) = \dfrac{u_2(0_+)}{R_2} = \dfrac{2.5}{5} = 0.5\text{A}$。

由于 S 已断开，故 $i_1(0_+)=0$。

根据 KCL 得 $i_C(0_+) = i_1(0_+) - i_2(0_+) = 0 - 0.5 = -0.5\text{A}$。

笔记

【头脑风暴】

1. 直流信号因为不随时间的变化而改变，故可认为处于稳态；那么正弦交流电信号随时间变化，其大小与方向都变化，所以不能视为稳态。这样理解对吗？

2. 图 4-2 中有两个稳态，在直流激励下比较它们的异同。

任务二 闪光灯是如何充电的

如电路的初始状态为零，换路瞬间电路接通直流激励，则换路后由外加激励在电路中引起的响应称为零状态响应，按储能元件的不同又分为 RC、RL 零状态响应。

知识链接1 RC 零状态响应电路

1. 定性描述

如图 4-6（a）所示电路中，开关 S 原置于 b，电容已充分放电，电压 $u_C(0_-)=0$。$t=0$ 瞬间将开关 S 从 b 换接至 a 接通直流电压源 U_S，此后电路进入 U_S 通过电阻 R 向电容 C 充电的过渡过程。过渡过程中电容的电压即为直流激励下 RC 电路的零状态响应。

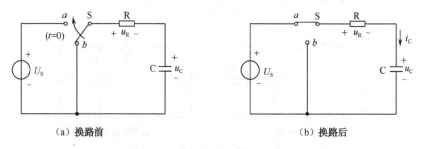

（a）换路前   （b）换路后

图 4-6 RC 电路中接通直流激励

2. 电容充电电压的表达式

电容充电电压的表达式为

$$u_C(t) = U_S(1 - e^{-\frac{t}{\tau}}) \tag{4-2}$$

式中，U_S 为外加激励源电压，$\tau = RC$ 为时间常数，R 为充电电阻。

下面应用微分方程对其进行量化推导。

对如图 4-6（b）所示换路后的电路，由 KVL 得

$$u_R + u_C = U_S$$

将 $i_C = C\dfrac{du_C}{dt}$、$u_R = i_C R = RC\dfrac{du_C}{dt}$ 代入上式得

$$RC\frac{du_C}{dt} + u_C = U_S \tag{4-3}$$

这是一个关于变量 u_C 的一阶线性常系数非齐次常微分方程，其完全解由两部分组成，即

$$u_C = u_{Cp} + u_{Ch}$$

式中

笔记

$$u_{Ch} = Ae^{-\frac{t}{\tau}}$$

为原方程（4-3）所对应的齐次方程：

$$RC\frac{du_C}{dt} + u_C = 0$$

的通解，而 u_{Cp} 则为原方程的任意一个特解。特解 u_{Cp} 具有和外加激励相同的形式，现激励为直流电压源，故可设特解为一常数，即

$$u_{Cp} = K$$

将其代入式（4-3）得

$$K = U_S$$

所以，原方程（4-3）的完全解为

$$u_C = Ae^{-\frac{t}{\tau}} + U_S \tag{4-4}$$

式中，$\tau = RC$，A 则根据电路的初始状态来确定。由于换路前电容已充分放电，电容电压 $u_C(0_-) = 0$，根据换路定律，换路后电路的初始状态为

$$u_C(0_+) = u_C(0_-) = 0$$

代入式（4-4）得

$$A = -U_S$$

故得充电过程中的电容电压为

$$u_C(t) = U_S - U_S e^{-\frac{t}{\tau}} = U_S(1 - e^{-\frac{t}{\tau}}) \tag{4-5}$$

3. RC 零状态响应电场能量的描述

过渡过程中电容的储能将随端电压的增大而逐渐增加。当 $t \to \infty$，电路达到稳态时，其储能最大值为

$$W_C(\infty) = \frac{1}{2}CU^2(\infty) \tag{4-6}$$

4. 其他响应及曲线

在图 4-6（b）所示电路中，电阻电压和充电电流分别为

$$u_R(t) = U_S - u_C = U_S e^{-\frac{t}{\tau}}$$

$$i_C(t) = \frac{u_R}{R} = \frac{U_S}{R} e^{-\frac{t}{\tau}}$$

过渡过程中 u_C、u_R 和 i_C 随时间变化的曲线如图 4-7 所示。充电过程中的响应是时间的指数函数，其中电容电压的变化为从零初始值按指数规律上升到非零稳态值，而电阻电压和充电电流都在换路瞬间跃变为非零初始值（最大值），而后按指数规律下降到零稳态值。

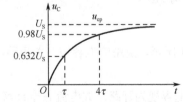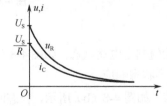

图 4-7 过渡过程中 u_C、u_R 和 i_C 随时间变化的曲线

显然，电阻电压和充电电流的零状态响应与电容电压的零状态响应变化规律不同，所以"零状态"仅指储能元件的状态。

5．时间常数的意义

对于已知 R、C 参数的电路来说，$\tau=RC$ 是一个仅取决于电路参数的常数。τ 的单位为

$$[\tau]=[R]\cdot[C]=\Omega\text{（欧）}\times\text{F（法）}$$

$$=\frac{\text{V（伏）}}{\text{A（安）}}\cdot\frac{\text{C（库）}}{\text{V（伏）}}=\text{s（秒）}$$

由于 τ 具有时间单位，故称为时间常数。

时间常数 τ 的大小决定过渡过程中电压、电流变化的快慢。以电容电压 u_C 为例，其随时间衰减的情况见表 4-1。

表 4-1 放电过程中电容电压随时间而衰减的情况（特征时刻表）

t	τ	2τ	3τ	4τ
$e^{-\frac{t}{\tau}}$	0.368	0.135	0.05	0.02

当 $t=\tau$ 时，电容充电电压为

$$u_C(\tau)=U_S(1-e^{-1})\approx0.632U_S$$

在数值上等于电容电压充电至稳态值的 63.2%所需的时间。

从理论上说，$t\to\infty$ 时电容电压才升至稳态值，同时充电电流降至零，充电过程结束。实际上 $t=4\tau$ 时，有

$$u_C(4\tau)\approx0.98U_S$$

电容电压已充电至稳态值的 98%，可以认为充电过程到此基本结束，也可以理解为允许有 2%的稳态误差。

【例3】 已知 RC 电路参数，求零状态响应及曲线。

如图 4-8（a）所示电路中，$I_S=1A$，$R=10\Omega$，$C=10\mu F$，换路前开关 S 是闭合的。$t=0$ 瞬间 S 断开，求 S 断开后电容两端的电压 u_C、电流 i_C 和电阻的电压 u_R，并绘出电压、电流的响应曲线。

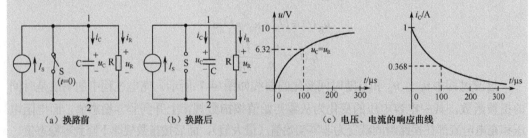

（a）换路前   （b）换路后   （c）电压、电流的响应曲线

图 4-8 例 3 图

【解】

① 求初始值判定电路状态：如图 4-8（a）所示，换路前电容被开关短路，$u_C(0_-)=0=u_C(0_+)$，故为零状态响应。

② 稳态值：如图 4-8（b）所示，稳态时电容视为开路，故电流 I_S 全部流入电阻 R 中，且电容与电阻并联，$u_C(\infty)=I_SR=1\times10=10V$。

③ 时间常数：$\tau=RC=10\times10\times10^{-6}=10^{-4}s$。

④ 零状态响应一般表达式：$u_C = u_C(\infty)(1 - e^{-\frac{t}{\tau}}) = 10(1 - e^{-10^4 t})$ V。

⑤ 其他响应：由于电阻 R 与电容 C 并联，故 $u_R = u_C = 10(1 - e^{-10^4 t})$ V。

由电容的伏安特性得 $i_C = C\dfrac{du_C}{dt} = 10 \times 10^{-6} \times (-10e^{-10^4 t}) \times (-10^4) = e^{-10^4 t}$ A。

也可由 KCL 定律得 $i_C = I_S - i_R = I_S - u_R/R = 1 - \dfrac{10(1 - e^{-10^4 t})}{10} = e^{-10^4 t}$ A。

⑥ 电压、电流的响应曲线如图 4-8（c）所示。

知识链接2　RL 零状态响应电路分析

1. 定性描述

如图 4-9（a）所示电路中，开关 S 未闭合时，电流为零。$t=0$ 瞬间合上开关 S，RL 串联电路与直流电压源 U_S 接通后，电路进入过渡过程。过渡过程中的电感的电流为直流激励下 RL 电路的零状态响应。

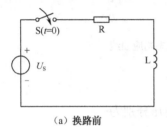
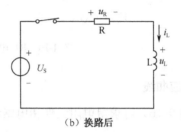

（a）换路前　　　　　　　　　　　（b）换路后

图 4-9　RL 电路中接通直流激励

2. 电感电流的表达式

电感电流的表达式为

$$i_L(t) = \frac{U_S}{R}(1 - e^{-\frac{t}{\tau}}) \tag{4-7}$$

式中，U_S 为外加激励源电压，$\tau = \dfrac{L}{R}$ 为时间常数，R 为励磁电阻。

下面应用微分方程对其进行量化分析。

如图 4-9（b）所示为换路后的电路，由 KVL 得

$$u_L + Ri_L = U_S$$

将 $u_L = L\dfrac{di_L}{dt}$ 代入上式得

$$\frac{L}{R}\frac{di_L}{dt} + i_L = \frac{U_S}{R} \tag{4-8}$$

该微分方程的求解可参照 RC 零状态响应微分方程分析方法，解得

$$i_L = \frac{U_S}{R} - \frac{U_S}{R}e^{-\frac{t}{\tau}} = \frac{U_S}{R}(1 - e^{-\frac{t}{\tau}}) \tag{4-9}$$

式中，$\tau = \dfrac{L}{R}$ 为 RL 电路的时间常数，其意义与 RC 电路中的时间常数相同。τ 的大小也同样决定了 RL 电路过渡过程的快慢。

显然换路后稳态下电感可视为短路，则 $i_L(\infty)=\dfrac{U_S}{R}$，代入式（4-9）得

$$i_L(t)=i_L(\infty)(1-e^{-\frac{t}{\tau}}) \tag{4-10}$$

响应曲线如图4-10（a）所示。

与 RC 电路中电容电压的零状态响应一样，RL 电路中电感电流的零状态响应也由稳态分量和暂态分量组成。

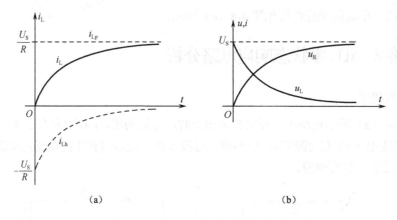

图4-10　RL 电路的零状态响应曲线

3．响应曲线

由图 4-9（b）可求得电阻元件和电感元件的电压分别为

$$u_R=Ri_L=U_S(1-e^{-\frac{t}{\tau}})$$

$$u_L=U_S-u_R=U_Se^{-\frac{t}{\tau}}$$

显然，电感电压的零状态响应与电感电流的零状态响应变化规律不同，电压随时间变化的曲线如图4-10（b）所示。

由于电感电流不能跃变，因此，换路后 i_L 和电阻电压 $u_R=Ri_R$ 都只能从零初始值按指数规律上升到非零稳态值；而电感电压 u_L 在换路瞬间则从零跃变为非零初始值（最大值），而后按指数规律下降到零稳态值。

4．RL 零状态响应磁场能量的描述

过渡过程中电感的储能将随电流的增大而逐渐增加。当 $t\to\infty$，电路达到稳态时，其储能最大值为

$$W_L(\infty)=\frac{1}{2}Li^2(\infty) \tag{4-11}$$

【**例4**】已知 RL 电路参数求响应及能量。

如图 4-9 所示的电路中，U_S=18V，R=500Ω，L=5H。求换路后：①i_L、u_L 的变化规律；②电流增至 $i_L(\infty)$ 的63.2%所需的时间；③电路储存磁场能量的最大值。

【**解**】① 电路的时间常数：$\tau=\dfrac{L}{R}=\dfrac{5}{500}=0.01\text{s}=10\text{ms}$。

电路换路后的稳态值：$i_L(\infty)=\dfrac{U_S}{R}=\dfrac{18}{500}=0.036\text{A}=36\text{mA}$。

由零状态响应一般式求响应：$i_L(t) = i_L(\infty)(1 - e^{-\frac{t}{\tau}}) = 0.036(1 - e^{-\frac{t}{0.01}})$

$$= 0.036(1 - e^{-100t})A = 36(1 - e^{-100t})mA \, 。$$

由电感伏安特性：$u_L = L\dfrac{di_L}{dt} = 18e^{-100t} \, V$。

② 当 $i_L = 0.632 i_L(\infty) = 36(1 - e^{-100t}) = 36 \times 0.632 = 22.752A$，故得 $t = \tau = 0.01s = 10ms$，即经过 10ms 后电流增至稳态值的 63.2%。

③ 因为电路中的电流达到稳态时最大，所以电感储存的磁场能量最大值为

$$W_{Lmax} = \frac{1}{2}Li^2(\infty) = \frac{1}{2} \times 5 \times 0.036^2 \approx 0.003J$$

【头脑风暴】

汽车的发动机启动时，需要在合适的时候点燃汽缸中的燃料、空气混合气体，完成这一功能的装置叫火花塞，如图 4-11 所示为汽车电子点火电路。请分析气隙是如何被击穿的，火花塞是如何被点燃的。

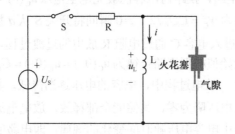

图 4-11 汽车电子点火电路

知识链接 3 一阶零状态响应的一般表达式

前面介绍了 RC、RL 零状态响应，可推导出其储能元件的响应表达式为

电容电压：$u_C(t) = U_S - U_S e^{-\frac{t}{\tau}} = U_S(1 - e^{-\frac{t}{\tau}})$

电感电流：$i_L(t) = \dfrac{U_S}{R} - \dfrac{U_S}{R}e^{-\frac{t}{\tau}} = \dfrac{U_S}{R}(1 - e^{-\frac{t}{\tau}})$

分析电容电压表达式，可见充电过程中的电容电压 $u_C(t)$ 由两个分量组成。其中，$-U_S e^{-\frac{t}{\tau}}$ 称为暂态分量，因为 $t \to \infty$ 时，$-U_S e^{-\frac{t}{\tau}} = -U_S e^{-\infty} = 0$，说明该分量仅存在于过渡过程中；而 U_S 称为稳态分量，当 $t \to \infty$，电路达到新的稳态时，暂态分量衰减为零，电容电压即等于这一分量，即 $u_C(\infty) = U_S$，所以稳态分量就是电容电压的稳态值，电容电压的零状态响应可表示为

$$u_C(t) = 稳态 + 暂态 = u_C(\infty)(1 - e^{-\frac{t}{\tau}})$$

同理分析电感电流表达式，也可以表示为

$$i_L(t) = 稳态 + 暂态 = i_L(\infty)(1 - e^{-\frac{t}{\tau}})$$

进一步抽象两式，假设零状态响应函数为 $f(t)$，其稳态值记为 $f(\infty)$，则一般式为

$$f(t) = f(\infty)(1 - e^{-\frac{t}{\tau}}) \tag{4-12}$$

$$f(t) = f(\infty) - f(\infty)e^{-\frac{t}{\tau}} = 稳态 + 暂态 \tag{4-13}$$

任务三　闪光灯是如何放电的

闪光灯是通过瞬间放电补光的，下面就对这样的瞬间状态进行研究。

一阶动态电路在没有输入激励的情况下，仅由电路的初始状态（初始时刻的储能）所引起的响应，称为零输入响应。

知识链接1　RC零输入响应电路分析

1. 定性描述

如图4-12（a）所示电路，换路前电容已被充电至电压 $u_C(0) = U_0 = U_S$，U_0 为电容电压初始值，储存的电场能量为 $W_C = CU_0^2/2$。$t=0$ 瞬间将开关 S 从 a 换接到 b 后，电压源被断开，输入跃变为零，电路进入电容 C 通过电阻 R 放电的过渡过程。换路后的电路如图4-12（b）所示，电容电压的初始值根据换路定律为 $u_C(0_+) = u_C(0_-) = U_0$，而电流 i 则从换路前的 0 跃变为 $i(0_+) = -U_0/R$。放电过程中，电容的电压逐渐降低，其储存的能量逐渐释放，放电电流逐渐减小，最终电压降为零，其储能全部释放，放电电流也减小到零，放电过程结束。下面分析放电过程中电容电压随时间变化的规律，即电路的零输入响应。

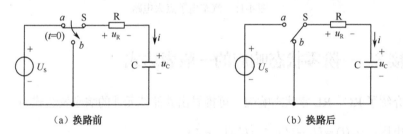

（a）换路前　　　　　　　　　　　　　（b）换路后

图4-12　RC电路的放电过程

2. 电容放电电压表达式

电容放电电压表达式为

$$u_C = U_0 e^{-\frac{t}{\tau}} \tag{4-14}$$

其中，U_0 为电容电压初始值，$\tau = RC$ 是时间常数，R 是放电电阻。

下面用微分方程进行量化分析。如图 4-12（b）所示为换路后的电路，由 KVL 得 $u_C + u_R = 0$，由欧姆定律有 $u_R = Ri$，电容伏安特性为 $i = C\dfrac{du_C}{dt}$，联立故有

$$RC\frac{du_C}{dt} + u_C = 0 \tag{4-15}$$

这是一个关于变量 u_C 的一阶线性常系数齐次常微分方程，代入解得

$$u_C = U_0 e^{-\frac{t}{RC}} \tag{4-16}$$

上式即放电过程中电容电压的变化规律。

3. 其他响应及曲线

电阻电压和放电电流分别为

$$u_R = -u_C = -U_0 e^{-\frac{t}{RC}}$$

$$i = \frac{u_R}{R} = -\frac{U_0}{R} e^{-\frac{t}{RC}}$$

式中的负号说明电阻电压 u_R 和放电电流 i 的实际方向与图示的参考方向相反。u_C、u_R 和 i 随时间变化的曲线如图 4-13 所示。

从以上结果可见，电容通过电阻放电的过程中，u_C、$|u_R|$、$|i|$ 均随时间按指数函数的规律衰减。

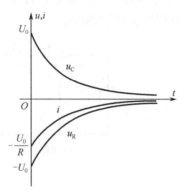

图 4-13 u_C、u_R 和 i 随时间变化的曲线

4. RC 零输入响应放电过程的能量描述

电路中，只有储能元件中能量是持续变化的，这正是动态过程发生的原因。

如前所述，电路的初始储能也是最大储能，$W_C(0_+) = \frac{1}{2}CU_0^2$。

电容储存的电能随时间变化而逐步释放到电路中被电阻元件吸收，直至消耗殆尽。

故放电过程中电阻吸收的能量为

$$W_R = \int_0^\infty i^2 R dt = \int_0^\infty \frac{U_0^2}{R} e^{-\frac{2t}{\tau}} dt = \frac{1}{2}CU_0^2$$

可见，整个放电过程中电阻消耗的能量就是电容的初始储能。

【例5】 已知 RC 电路参数，求零输入响应并绘制曲线。

如图 4-12（a）所示电路中，开关 S 原置于 a，已知 $U_S=10V$，$R=5k\Omega$，$C=3\mu F$，$t=0$ 瞬间，开关 S 从 a 换接至 b，求换路后 $u_C(t)$ 的表达式，并绘出变化曲线。

【解】 电压、电流的参考方向如图 4-12 所示。

① 换路前电路已达稳态，电容电压：$u_C(0_-) = U_S = 10V$。

② 根据换路定律，电容电压的初始值为

$$u_C(0_+) = u_C(0_-) = 10V$$

③ 电路的时间常数：$\tau = RC = 5\times10^3 \times 3\times10^{-6} = 15ms$。

④ 判定电路状态：换路后电容有初始值且电路无外加激励源，故为零输入响应；换路后的电容电压为

$$u_C(t) = u_C(0_+) e^{-\frac{t}{\tau}} = 10 e^{-\frac{t}{15\times10^{-3}}} V。$$

⑤ 其变化曲线如图 4-14 所示。

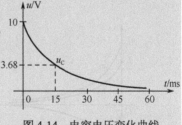

图 4-14 电容电压变化曲线

知识链接2 RL 零输入响应电路分析

1. 定性描述

如图 4-15（a）所示电路中，开关 S 原置于 a，电路已达稳态，电感电流 $i_L = U_S/R = I_0$，I_0 为电感电流初始值。电感元件储存的磁场能量为 $W_L = \frac{1}{2}LI_0^2$。$t=0$ 瞬间将开关 S 从 a 换接

至 b 后，电压源被断路线代替，输入跃变为零，电路进入过渡过程。过渡过程中的电感电流即为电路的零输入响应。

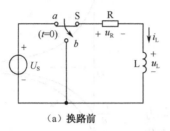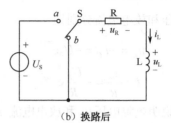

（a）换路前　　　　　　　　　　　　　（b）换路后

图 4-15　RL 电路换路

2．电感电流表达式

电感电流表达式为

$$i_L = I_0 e^{-\frac{R}{L}t} = I_0 e^{-\frac{t}{\tau}} \tag{4-17}$$

式中，I_0 为电感电流初始值，$\tau = L/R$ 为时间常数，R 为励磁电阻。

下面用微分方程进行量化分析。

如图 4-15（b）所示，换路后的电路的 KVL 方程为

$$u_R + u_L = 0$$

将 $u_R = i_L R$，$u_L = L\dfrac{di_L}{dt}$ 代入后得

$$i_L R + L\frac{di_L}{dt} = 0 \tag{4-18}$$

微分方程的求解过程和前面类似，这里不再赘述。

3．其他响应及曲线

电阻元件和电感元件的电压分别为

$$u_R = Ri_L = RI_0 e^{-\frac{t}{\tau}}$$

$$u_L = -u_R = -RI_0 e^{-\frac{t}{\tau}}$$

电压、电流随时间变化的曲线如图 4-16 所示。

由于电感电流不能跃变，因此，换路后虽然输入跃变为零，但电感电流却以逐渐减小的方式继续存在。电感电压则因电流 i_L 减小 $\left(\dfrac{di_L}{dt} < 0\right)$ 而与电流反向（为负值）。

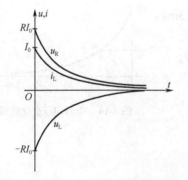

图 4-16　电压、电流随时间变化的曲线

4．RL 零输入响应磁场能量的描述

电感的储能随电流减小而逐渐释放，并为电阻所消耗。当电流减小到零时，电感储存的磁场能量全部释放，过渡过程结束。可见，R、L 短接后的过渡过程就是电感元件释放储存的磁场能量的过程。

笔记

知识链接3　一阶零输入响应的表达式

前面介绍了 RC、RL 零输入响应，可推导出其储能元件的响应表达式为

电容电压：$u_C(t) = U_0 e^{-\frac{t}{\tau}}$

电感电流：$i_L(t) = I_0 e^{-\frac{R}{L}t} = I_0 e^{-\frac{t}{\tau}}$

分析电容电压表达式，可见放电过程中的电容电压 $u_C(t)$ 只含有暂态分量，因为 $t \to \infty$ 时，电压为 0，且 U_0 为初始值。因此电容放电电压又可以表示为

$$u_C(t) = 暂态 = u_C(0_+) e^{-\frac{t}{\tau}}$$

同理分析电感电流表达式，可以表示为

$$i_L(t) = 暂态 = i_L(0_+) e^{-\frac{t}{\tau}}$$

进一步抽象两式，假设零输入响应函数为 f(t)，其初始值记为 f(0+)，则一般式为

$$f(t) = f(0_+) e^{-\frac{t}{\tau}} \tag{4-19}$$

式中，f(t) 表示零输入响应，而 f(0+) 则表示该响应的初始值。

也就是说，在零输入响应下，如果知道初始值及时间常数，就可以确定对应的指数函数。

同时，$f(0_+)e^{-\frac{t}{\tau}}$ 称为暂态分量，零输入响应就是暂态分量，会随着时间的递增逐步衰减为 0，也就意味着过渡过程的结束。

课堂随测-零输入和零响应

扫码看答案

任务四　带电闪光灯的充电过程

闪光灯在实际使用过程中需要频繁充电，同时实际闪光灯电路都有阈值，一旦电压低于该值，就不能正常工作。下面就来研究这种情况。

换路后电路的激励源如果由外电源和储能元件的初始值共同提供，即储能元件的初始值非零，外电源输入非零，这类电路称为全响应电路。

知识链接1　RC 全响应电路分析

1. 定性描述

如图 4-17 所示电路中，开关 S 闭合前电容已充电至 $u_C(0_-) = U_0$，U_0 为电容电压初始值。$t = 0$ 瞬间合上开关后，接通外加电压源 U_S，此时电路中的响应是由外加激励和储能元件的初始能量共同作用的，称为全响应。如图 4-17 所示，RC 电路中存在两种可能：当外加激励源电压 U_S 大于电容电压初始值 U_0 时，电容在过渡过程中继续被充电直至为 U_S；当外加激励源电压 U_S 小于电容电压初始值 U_0 时，电容在过渡过程中向回路释

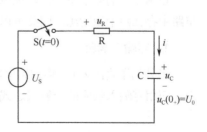

图 4-17　RC 电路中接通直流激励

放电能，直至为 U_S。

笔记

2. 电容电压表达式

电容电压表达式为

$$u_C(t) = U_S + (U_0 - U_S)e^{-\frac{t}{\tau}}$$

式中，U_S 为外加激励源电压，U_0 为电容电压初始值，τ 为时间常数。

下面基于微分方程进行量化分析。

电路如图 4-17 所示，开关 S 接通后，回路 KVL 方程为

$$RC\frac{\mathrm{d}u_C}{\mathrm{d}t} + u_C = U_S$$

方程的完全解为 $u_C = u_{Cp} + u_{Ch} = U_S + Ae^{-\frac{t}{\tau}}$。

电路的初始状态为

$$u_C(0_+) = u_C(0_-) = U_0$$

将方程的完全解代入上式，得

$$A = U_0 - U_S$$

故得电容电压为

$$u_C(t) = U_S + (U_0 - U_S)e^{-\frac{t}{\tau}}$$

3. 其他响应及曲线

电阻 R 两端的电压为

$$u_R(t) = U_S - u_C = (U_S - U_0)e^{-\frac{t}{\tau}}$$

电路中的电流为

$$i(t) = \frac{u_R}{R} = \frac{U_S - U_0}{R}e^{-\frac{t}{\tau}}$$

过渡过程中 u_C、u_R 和 i 随时间变化的曲线如图 4-18 所示。

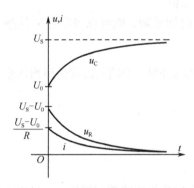

图 4-18　过渡过程中 u_C、u_R 和 i
　　　　随时间变化的曲线

从曲线中可以看出：由于 $U_S > U_0 > 0$，所以，过渡过程中电容电压从初始值按指数规律上升至稳态值，即电容进一步充电。

知识链接2　应用叠加思想分析全响应电路

以 RC 全响应电路为例，视电容电压初始值为一种激励源，同时存在外加激励源，即电路中存在两个激励源，因此可以运用叠加思想求解。

1. 零输入响应

当外加激励源为 0，将初始电容电压 U_0 视为电路中唯一激励源时，电路处于零输入响应，应用零输入响应的一般表达式可得

$$u'_C = U_0 e^{-\frac{t}{\tau}}$$

2. 零状态响应

当初始电容电压为 0，将外加激励源 U_S 视为电路中唯一激励源时，电路处于零状态响

应，应用零状态响应的一般表达式可得

$$u_C'' = U_S(1 - e^{-\frac{t}{\tau}})$$

3．全响应

当外加激励源 U_S、初始电容电压 U_0 同时作用时，电路处于全响应状态，应用叠加思想可得

$$u_C = u_C' + u'' = U_0 e^{-\frac{t}{\tau}} + U_S(1 - e^{-\frac{t}{\tau}})$$

可见，应用叠加思想分析可得出结论为

全响应=零输入响应+零状态响应

【例6】 了解应用叠加思想分析全响应电路的方法。

如图 4-19 所示电路中，$U_S=100V$，$R_1=R_2=4\Omega$，$L=4H$，电路原已处于稳态。$t=0$ 瞬间开关 S 断开。（1）用叠加思想求 S 断开后电路中的电流 i_L；（2）求电感电压 u_L；（3）绘出电流、电压的变化曲线。

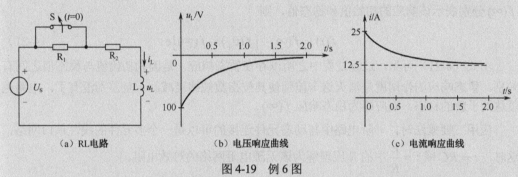

|（a）RL电路|（b）电压响应曲线|（c）电流响应曲线|

图4-19　例6图

【解】（1）求过渡过程中的电流 i_L。

① 求零输入响应。

换路前电路已处于稳态，由换路前的电路得 $i_L(0_-) = \dfrac{U_S}{R_2} = \dfrac{100}{4} = 25A = i_L(0_+)$。

换路后电路的时间常数：$\tau = \dfrac{L}{R_1 + R_2} = \dfrac{4}{8} = 0.5s$。

故得电路的零输入响应：$i_L'(t) = i_L(0_+)e^{-\frac{t}{\tau}} = 25e^{-2t}A$。

② 求零状态响应。

设电感电流初始状态为零，则换路后在外加激励作用下 i_L 从零按指数规律上升至稳态值：$i_L(\infty) = \dfrac{U_S}{R_1 + R_2} = \dfrac{100}{4+4} = 12.5A$。

故得电路的零状态响应：$i_L''(t) = i_L(\infty)(1 - e^{-\frac{t}{\tau}}) = 12.5(1 - e^{-2t})A$。

③ 全响应：$i_L(t) = i_L'(t) + i_L''(t) = 25e^{-2t} + 12.5(1 - e^{-2t}) = 12.5(1 + e^{-2t})A$。

（2）电感电压：$u_L = L\dfrac{di_L}{dt} = 4 \times 12.5e^{-2t} \times (-2) = -100e^{-2t}V$。

（3）电压、电流的响应曲线如图4-19（b）、（c）所示。

知识链接 3　一阶全响应的表达式（三要素法）

由前面知道，RC 电路中电容电压的全响应为 $u_C(t) = U_S + (U_0 - U_S)\mathrm{e}^{-\frac{t}{\tau}}$。

在 $t = 0_+$ 时刻即为电容电压初始值：$u_C(0_+) = U_S + (U_0 - U_S)\mathrm{e}^{-\frac{0}{\tau}} = U_0$。

若 $t \to \infty$ 则为电容电压稳态值：$u_C(\infty) = U_S + (U_0 - U_S)\mathrm{e}^{-\frac{\infty}{\tau}} = U_S$。

以 $u_C(0_+)$、$u_C(\infty)$ 分别代替上式中 U_0、U_S 得

$$u_C(t) = u_C(\infty) + [u_C(0_+) - u_C(\infty)]\mathrm{e}^{-\frac{t}{\tau}} \tag{4-20}$$

可见，只要求出电容电压初始值、稳态值和电路的时间常数，即可对应写出电容电压的全响应表达式。初始值、稳态值和时间常数称为一阶电路的三要素。求出三要素，然后按式（4-20）写出全响应表达式的方法称为三要素法。不仅求电容电压可用三要素法，求一阶电路过渡过程中的其他响应都可用三要素法。若用 $f(t)$ 表示一阶电路的响应，$f(0_+)$、$f(\infty)$ 分别表示该响应的初始值和稳态值，则

$$f(t) = f(\infty) + [f(0_+) - f(\infty)]\mathrm{e}^{-\frac{t}{\tau}} \tag{4-21}$$

由式（4-21）可见，过渡过程中之所以存在暂态响应，是因为初始值与稳态值之间有差别。暂态响应的作用就是消灭这个差别使其按指数规律衰减。一旦差别没有了，电路也就达到了新的稳态，响应即为稳态响应 $f(\infty)$。

应用三要素法时，一阶电路中与动态元件连接的可以是一个多元件的线性单口网络，这时，$\tau = RC$ 或 $\tau = \dfrac{L}{R}$ 中的 R 应理解为该无源电阻网络的等效电阻。

式（4-21）全响应一般表达式，可归纳如下：

① 零输入响应是其特例：当 $f(\infty) = 0$ 时，$f(t) = f(0_+)\mathrm{e}^{-\frac{t}{\tau}}$。

② 零状态响应是其特例：当 $f(0_+) = 0$ 时，$f(t) = f(\infty) - f(\infty)\mathrm{e}^{-\frac{t}{\tau}}$。

③ 全响应=零输入响应+零状态响应：$f(t) = f(0_+)\mathrm{e}^{-\frac{t}{\tau}} + f(\infty)(1 - \mathrm{e}^{-\frac{t}{\tau}})$。

④ 全响应=稳态分量+暂态分量：$f(t) = f(\infty) + [f(0_+) - f(\infty)]\mathrm{e}^{-\frac{t}{\tau}}$。

【例 7】 通过电路参数计算时间常数。

RC 电路时间常数计算过程如图 4-20 所示。

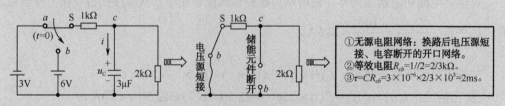

图 4-20　RC 电路时间常数计算过程

【例 8】 储能元件的初始值及稳态值求解。

图 4-20 所示电路中，储能元件的初始值及稳态值求解过程如图 4-21 所示。

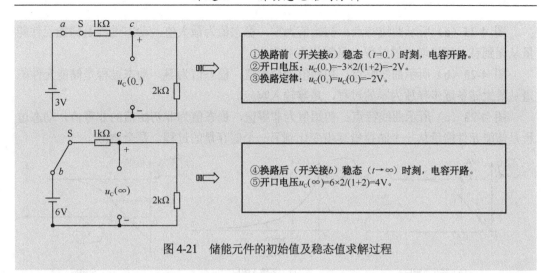

图 4-21　储能元件的初始值及稳态值求解过程

【例9】　熟悉用三要素法求解全响应的步骤。

如图 4-20 所示 RC 电路中，求电容的电压响应曲线及两个电阻上的电压响应。

【解】　① 求时间常数，见例 7，$\tau=2\text{ms}$。

② 求储能元件的初始值，见例 8，$u_C(0_+)=-2\text{V}$。

③ 求储能元件的稳态值，见例 8，$u_C(\infty)=4\text{V}$。

④ 代入三要素对应全响应的一般式，求储能元件的响应及曲线，如图 4-22 所示。

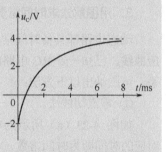

$$u_C(t)=4+(-2-4)e^{-\frac{t}{2\times10^{-3}}}=4-6e^{-500t}\text{V}$$

⑤ 求其他物理量（利用 KCL、KVL、伏安特性等）。

2kΩ电阻与电容并联：$u_2(t)=u_C(t)=4-6e^{-500t}\text{V}$。

1kΩ电阻与电容串联分压：$u_1(t)=U_S-u_C(t)=6-(4-6e^{-500t}\text{V})=2+6e^{-500t}\text{V}$。

图 4-22　储能元件的响应及曲线

课堂随测-三要素全响应

扫码看答案

技能拓展　用图解法分析"黑匣子"电路参数

【技能目标】　在实际工程中，经常会遇到"黑匣子"问题，了解这类问题的分析思路，对提高解决实际问题的能力有很大帮助，也是电子工程师必备的职业技能之一。

1."黑匣子"问题

电路分析的思路，一般有两种：解析法和实验法。

所谓解析法，是指在电路结构及参数已知的情况下，根据电路及元件各变量之间所遵循的各种约束定律列写出各变量之间的数学表达式从而演绎推导出来一些结论。这也是电路理论课程的一般性思路。

如电路结构及参数未知，俗称的"黑匣子"问题，通常采用实验法求解。即通过一些实验手段，在电系统和元件中加入一定形式的输入信号，观察或检测输出响应，根据输入与输出间的关系，分析、计算出"黑匣子"中的结构和参数。这也是在工程实践环节常用的研究方法。

2. 观察储能元件的输出响应曲线，判定电路状态

以一阶动态电路输出响应曲线为研究对象。

图 4-23（a）所示曲线特点：初始值为零，稳态值为最大值，动态过程是储能元件能量从无到有，逐步增大的过程，是零状态响应。

图 4-23（b）所示曲线特点：初始值为最大值，稳态值为零，动态过程是储能元件能量从最大储备逐步释放为零的过程，是零输入响应。

图 4-23（c）所示曲线特点：初始值为非零值，稳态值为非初始值的非零值，动态过程是储能元件能量从一个储存量逐步变化到另一个储存量的过程，是全响应。

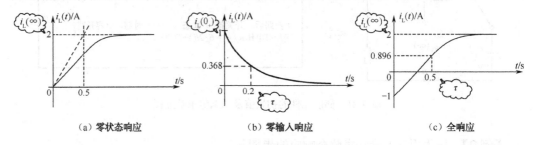

图 4-23　一阶动态电路输出响应曲线

3．用图解法求时间常数

动态电路都具备时间常数特性，如果电路结构及参数未知，可以通过示波器测试其响应曲线。已知一阶 RC 电路的响应曲线，可判定时间常数。通过曲线与时间常数的特征关系，可归纳出以下方法：

① 零点切线法。

如图 4-23（a）所示为单调上升曲线，从零时刻初值处作曲线的切线，与稳态值交点对应的时间即为时间常数 τ。

如图 4-24（a）所示为单调下降曲线，从零时刻初值处作曲线的切线，与时间轴交点的坐标即为时间常数 τ。

② 时间常数特征时刻法。

对于零输入响应曲线，如图 4-23（b）所示，有 $f(\tau)=0.368f(0_+)$，即经过一个时间常数 τ，其输出响应下降至某一个特征点，这是因为 $e^{-1}\approx0.368$。

对于零状态响应曲线，有 $f(\tau)=0.632f(\infty)$，即经过一个时间常数 τ，其输出响应上升至某一个特征点，这是因为 $1-e^{-1}\approx0.632$。

③ 稳态误差带特征时刻法。

一个电系统设计之初往往有期望误差，一般认为达到±5%误差需要经过 3τ，如图 4-24（b）所示；达到±2%误差需要经过 4τ，如图 4-24（c）所示。

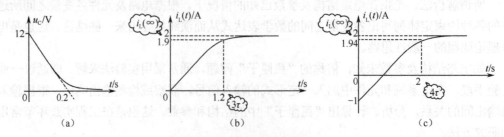

图 4-24　用图解法求时间常数

项目总结与实施

一、理论阐述

利用所学知识对实际闪光灯充放电电路进行量化分析。

（1）闪光灯充放电电路描述

实际的闪光灯充放电电路要用到模块芯片，这是后续数字电路的内容。因此，这里采用简化闪光灯充放电电路，如图 4-25 所示。

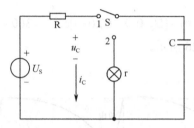

图 4-25　简化闪光灯充放电电路

等效直流激励源 U_S 与充电电阻 R 串联，电容 C 与闪光灯并联，S 为控制开关，闪光灯以电阻 r 表示。

当开关 S 久置于 1 时，电容被充满电，充电速度由 R 决定；将开关 S 掷向 2，电容开始放电，放电速度由 r 决定，r 越小放电速度越快。

（2）参数设置

通常的闪光灯电路在工作中的典型电压是 300V，等效激励源 U_S=300V，一般选择牛角电解电容，电容 C=470μF。

闪光灯在工作时电阻极小只有几欧，所以设置放电时 r=3Ω，故 $\tau_放$=Cr≈1.4ms。

通常充电时间控制在 1～5s，以 2% 为稳态误差，选择充电时间为 5s，故 $4\tau_充$=5s，则 $\tau_充$=1.25s，R=$\tau_充$/C≈2.66kΩ。

（3）量化分析

① 充电过程（零状态响应）。

电容充电过程即零状态响应，电容稳态值显然为外加激励源电压 300V，故电容电压表达式为

$$u_C(t) = U_S(1 - \mathrm{e}^{-\frac{t}{\tau_充}}) = 300\left(1 - \mathrm{e}^{-\frac{t}{1.25}}\right)\mathrm{V}$$

② 放电过程（零输入响应）。

电容放电，电容电压从初始值 300V 向下降，直至耗尽，这个过程即零输入响应，电容电压表达式为

$$u_C(t) = 300\mathrm{e}^{-\frac{t}{0.0014}}\mathrm{V}$$

③ 放电瞬间峰值电流。

此时

$$i_C(t) = C\frac{\mathrm{d}u_C}{\mathrm{d}t} = -\frac{300}{r}\mathrm{e}^{-\frac{t}{Cr}} = -100\mathrm{e}^{-\frac{t}{\tau_放}}\mathrm{A}$$

由图 4-26 可知，流过闪光灯的电流为 $-i_C$，$t=0$ 时，瞬间峰值电流为 100A。

④ 闪光灯闪光时间 T。

实际放电过程中，当闪光灯工作电压下降到一定值（通常选初始电压值的 1/3，即 100V），就会失去补光效果。

$$u_C(t) = 300\mathrm{e}^{-\frac{t}{0.0014}} = 100\text{V}，\quad T \approx 1.54\text{ms}$$

电容电压从 300V 降到 100V，所用时间即闪光灯闪光时间 T，约为 1.54ms。

⑤ 再次充电过程（全响应）。

电容电压下降到 100V，即需要再次充电，才能满足闪光灯工作需求。此时电容电压初始值为 100V，充到稳态值 300V，按照全响应三要素法，即

$$u_C(t) = U_C(\infty) + [U_C(0_+) - U_C(\infty)]\mathrm{e}^{-\frac{t}{\tau_{\text{充}}}} = 300 - 200\mathrm{e}^{-\frac{t}{1.25}}\text{V}$$

电容充放电曲线如图 4-26 所示。

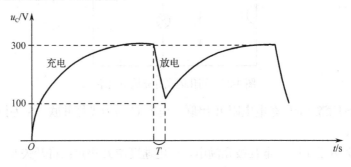

图 4-26　电容充放电曲线

二、实操任务书

名称	闪光灯充放电电路的设计、安装、测试			
元器件	5V 直流稳压电源；3.8V/0.3A 小灯珠 2 个；大电容（470μF）1 个；双掷开关 1 个；可调大电阻（100kΩ）2 个；导线若干；电压表 1 个；示波器 1 个			

电路图	

实操记录	状态	操作	观察与测量			
			示波器波形	充电灯泡	放电灯泡	电压表指针偏转
	零状态	开关断开久置，突然置于 1				
	零输入	开关久置于 1，突然置于 2				
	全响应	开关久置于 1，突然置于 2，马上又置于 1				

计算及思考	1. 电容最大电压=？
	2. 最大电流=？
	3. 最大时间常数=？
	4. 为什么三种操作方式可以实现三种动态过程？
	5. 实验中为什么要选择大电容、大电阻、较小电压源？
	6. 电容电压的测量值是否与理论状态一致？
	7. 逐渐调小电阻值，观察到什么现象？
	8. 结合现有知识，你还想做哪些研讨？如何创新设计实验电路？如何验证结果
反思及评价	1. 描述以上计算过程。
	2. 总结3种动态电路的特征。
	3. 描述初次使用示波器的体会。
	4. 团队是如何分工的？
	5. 应用工科思维的体会有哪些？
	6. 进行创新设计的体会有哪些？
	7. 将实操中遇到的故障或者突发事件进行记录与处理。
	8. 自我评价：从个人专业素养、人文素养、团队合作等方面予以客观评价，作为自我进阶的动力

科学家的故事

法拉第的故事：自学成才的伟大科学家

如果一个只读了两年小学的人，12岁就开始为生计奔波，你相信他成年以后会成为著名的物理学家、化学家、发明家吗？

这个人就是被誉为"电学之父"和"交流电之父"的迈克尔·法拉第。他发现了电磁感应现象，引入了电场、磁场、磁力线等概念，为经典电磁学理论奠定了基础。同时他重视科学实验，发明了史上第一台电动机和发电机，利用"水桶实验"证明了电荷守恒定律。

法拉第的一生是伟大的，因为家庭贫困，法拉第的家里无法供他上学，因而法拉第幼年时没有受过正规教育，只读了两年小学。1803年，为生计所迫，他上街当了报童。第二年又到一个书店里当学徒。书店里书籍堆积如山，法拉第带着强烈的求知欲，如饥似渴地阅读各类书籍，汲取了许多自然科学方面的知识，尤其是《大英百科全书》中关于电学的文章，强烈地吸引着他。他努力地将书本知识付诸实践，利用废旧物品制作静电起电机，进行简单的化学和物理实验。他还与青年朋友们建立了一个学习小组，常常在一起讨论问题、交流思想。法拉第的好学精神感动了书店的一位老主顾，在他的帮助下，法拉第有幸聆听了著名化学家汉弗莱·戴维的演讲。他把演讲内容全部记录下来并整理清楚，回去和朋友们认真讨论、研究。他还把整理好的演讲记录送给戴维，并且附信表明自己愿意献身科学事业。结果他如愿以偿，20岁就成为了戴维的实验助手。从此，法拉第开始了他的科学生涯。1815年5月法拉第在戴维指导下开始独立的研究工作并取得了几项化学研究成果。1816年法拉第发表了第一篇科学论文。1818年起，他和J·斯托达特合作研究合金钢，首创了金相分析方法。1820年他用取代反应制得六氯乙烷和四氯乙烯。1823年他发现了氯气和其他气体的液化方法。1825年2月他接替戴维担任皇家研究所实验室主任，同年发现苯。

法拉第虽然没有受过正规的学历教育，却从未自卑过，这源于他对科学发自内心的挚爱与追求，因此他抓住所有机会，如饥似渴地学习，最终取得了伟大成就。

难点解析及习题

对本课题中的重、难点知识进行解析，并以例题、练习对应的方式进行学习指导和测试。

1. 电路中过渡过程的判定

【例10】 判断图4-27所示各电路中有没有过渡过程。

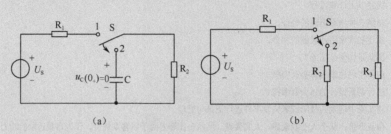

图4-27 例10图

【解】 图4-27（a）中没有过渡过程。换路前（开关S置于1）电路与电容无关，换路后（开关S置于2），由于$u_C(0_+)=0$，所以没有可释放的能量，同时换路后没有外加电源激励，电容也没有可吸收的能量。

图4-27（b）中没有过渡过程。开关动作前后的电路，不存在储能元件，所以不具备发生过渡的可能。

【练习1】 判断图4-28所示各电路中有没有过渡过程并说明理由。

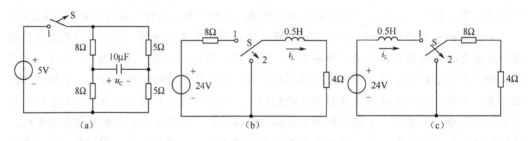

图4-28 练习1图

2. 稳态值的计算

【例11】 电路如图4-28（b）所示，求$t=0$和$t\to\infty$时刻稳态值。

【解】（1）绘制$t=0$时刻电路图，求$i_L(0_-)$。

操作：将开关S置于1，电感视为短路，故$i_L(0_-)=24/(8+4)=2A$，电路如图4-29（a）所示。

（2）绘制$t\to\infty$时刻电路图，求$i_L(\infty)$。

操作：将开关S置于2，电感视为短路，故$i_L(\infty)=0$，电路如图4-29（b）所示。

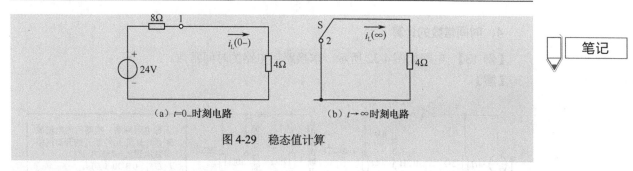

（a）t=0_时刻电路　　　　（b）t→∞时刻电路

图 4-29　稳态值计算

【练习 2】 电路如图 4-30 所示，已知 U_S=16V，R_1=10Ω，R_2=5Ω，R_3=30Ω，C=1μF。求 t=0 和 t→∞时刻的电容电压。

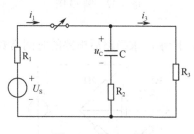

图 4-30　练习 2 图

3．初始值的计算

【例 12】 如图 4-31（a）所示 RL 电路中，U_S=12V，R_1=4Ω，R_3=8Ω，求换路后各个电压、电流初始值。

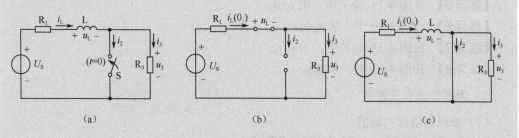

（a）　　　　　　　　（b）　　　　　　　　（c）

图 4-31　初始值计算

【解】（1）绘制 t=0_时刻电路图，S 断开，电感视为短路，如图 4-31（b）所示。

$i_L(0_-)$=U_S/(R_1+R_3)=12/(4+8)=1A。

（2）由换路定律，求得 $i_L(0_+)$=$i_L(0_-)$=1A。

（3）作出换路后 t=0_+时刻电路图，S 合上，如图 4-31（c）所示，将电感作为 $i_L(0_+)$=1A 的电流源处理。

（4）在图 4-31（c）中求其他物理量的初始值（应用欧姆定律及基尔霍夫定律）。

S 闭合将电阻 R_3 短路，所以 $u_3(0_+)$=0。

由欧姆定律得 $i_3(0_+)$=0，由 KCL 得 $i_2(0_+)$=$i_L(0_+)$-$i_3(0_+)$=1A。

由欧姆定律得 R_1 两端电压 $u_1(0_+)$=$R_1 i_L(0_+)$=4V，由 KVL 得 $u_L(0_+)$=U_S-$u_1(0_+)$=12-4=8V。

【练习 3】 电路如图 4-30 所示，参数不变，求初始值 $u_C(0_+)$、$i_1(0_+)$、$i_3(0_+)$。

笔记

4. 时间常数的计算

【例13】 电路如图4-32所示，求换路后电路的时间常数。

【解】

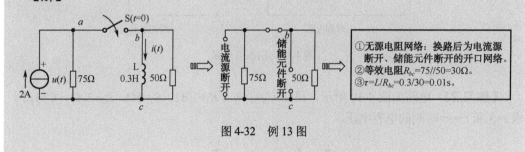

图4-32　例13图

【练习4】 电路如图4-33所示，求换路后电路的时间常数。

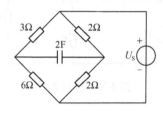

图4-33　练习4图

难点解析

（三要素法）

5. 用三要素法计算全响应

【练习5】 在图4-28（b）中，求 $i_L(t)$。

【练习6】 在图4-30中，求 $u_C(t)$。

【练习7】 在图4-31（a）中，求 $i_L(t)$。

【练习8】 在图4-32中，求 $i(t)$。

难点解析

（图解法）

6. 用图解法求三要素

（1）求稳态值和初始值

【练习9】 根据图4-34所示曲线，分别求 $i_L(t)$。

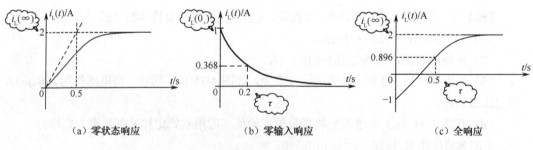

图4-34　练习9图

（2）求时间常数

【练习10】 根据图4-35（a）所示曲线，求 $i_L(t)$。

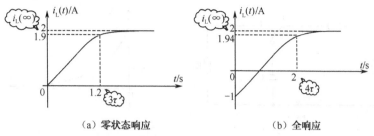

（a）零状态响应   （b）全响应

图 4-35 练习 10 图

【练习 11】 根据图 4-36 所示曲线，求 $u_C(t)$。

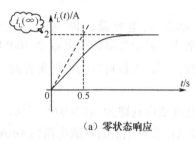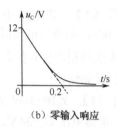

（a）零状态响应   （b）零输入响应

图 4-36 练习 11 图

（3）用图解法求元件参数

【例 14】某一阶 RL 电路，参数 R、L 未知，为了求解元件参数，可以运用实验法，给该电路外加一个激励源 $U_S=12\text{V}$，如图 4-37（a）所示，通过示波器观测电感电流的变化曲线，如图 4-35（a）所示。

【解】

① 通过曲线，可知电路处于零状态响应，得到 $i_L(\infty)=2\text{A}$。

② 求时间常数：因为 1.9/2=0.95，即对应时间 1.2s=3τ，故 $\tau=0.4\text{s}$。

③ 元件参数：换路后稳态时电路如图 4-37（b）所示，可知 $i_L(\infty)=U_S/R=12/R=2\text{A}$，故 $R=6\Omega$。

电路时间常数 $\tau=L/R=L/6=0.4\text{s}$，故 $L=2.4\text{H}$。

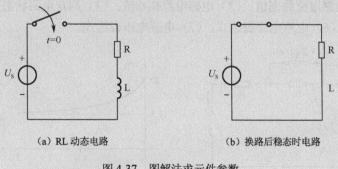

（a）RL 动态电路   （b）换路后稳态时电路

图 4-37 图解法求元件参数

【练习 12】 某 RC 电路如图 4-38（a）所示，已知两电阻都是 1kΩ，由实验测得其电容电压输出曲线如图 4-38（b）所示，求 $U_S=?$ $C=?$

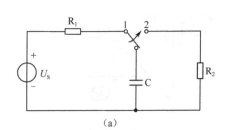

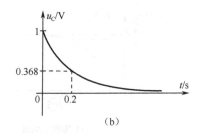

（a）　　　　　　　　　　　（b）

图 4-38　练习 12 图

进阶习题

进阶习题详解

详解

【练习 13】　某电路中只有一个储能 40μF 的电容器，断电前已充电至电压 $u_C(0_-)$=3.5kV，断电后电容器经本身的漏电阻放电。若电容器的漏电阻 R=100MΩ，1h 后电容器的电压降至多少？如果此时电路需要检修，可以直接进行吗？如果并联一个 10kΩ 电阻，情况又如何？

【练习 14】　如图 4-39 所示继电器线圈电流变换规律为 $i_L(t)$=0.05e^{-10t}A，已知电阻 R_1=230Ω，电源电压 U_S=24 V，求线圈参数 R 和 L；若继电器的释放电流为 4mA，求开关 S 闭合后多长时间继电器能够释放？

【练习 15】　电路如图 4-40 所示，换路前电路已处于稳态，t = 0 瞬间换路，求 $t=0_+$ 时刻的 $i_L(t)$ 及其响应曲线，并求开关 S 中电流 $i(t)$。

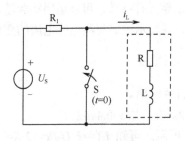

图 4-39　练习 14 图

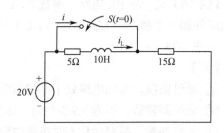

图 4-40　练习 15 图

【练习 16】　电路如图 4-41 所示，已知 U_S=100V，L=4H。

求：（1）电感电流稳态值；（2）电感电流初始值；（3）判定电路状态；（4）R_1 和 R_2；（5）时间常数；（6）电感电流表达式；（7）电感电压表达式。

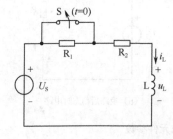

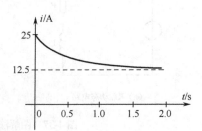

图 4-41　练习 16 图

【练习 17】　电路如图 4-42 所示。

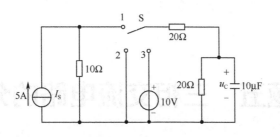

图 4-42 练习 17 图

（1）换路前开关 S 在 1 处闭合很久，换路瞬间置向 2 处，请描述该电路状态，求电容电压响应函数并绘制曲线。

（2）换路前开关 S 在 1 处闭合很久，换路瞬间置向 3 处，请描述该电路状态，求电容电压响应函数并绘制曲线，量化分析电容的储能变化。

（3）在图 4-42 的基础上，要实现电容电压的零状态响应电路，应该如何操作？分析电路输出响应。

【练习 18】 电路如图 4-43 所示，求换路后的 $u_C(t)$ 和 i。

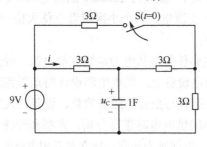

图 4-43 练习 18 图

课题五　三相交流电路的分析

项目导入：生产车间供电电路

项目描述

  我国大多数家庭用电器使用的都是 220V、50Hz 的单相正弦交流电，房间内的灯和其他用电设备都并联在 220V 的线路上；大功率电器，如中央空调、烤箱和洗碗机等，都接在 380V 的电源线上。供电部门一般通过 12000V 的输电线路，将电能输送到附近，再通过降压变压器获得 220V/380V 交流电。一个小区或者一栋大楼一般均匀分配给三部分用户，以获得基本对称的三相负载。

  生产车间供电电路的主要任务是从电力系统获得电源，经过合理的传输、变换，分配到工厂生产车间中的每个用电设备上。供电电路设计得是否完善，不仅影响工厂的基本建设投资、运行费用消耗量，而且与企业的经济效益、设备和人身安全等密切相关。因此，我们需要通过对工厂生产车间供电电路进行分析，熟悉和理解三相交流电路在生产、生活中的应用。以此项目为驱动，以问题为导向，建立对三相电路的基本认知，包括什么是三相交流电源及负载，什么是星形和三角形连接，怎么分析三相电路中的电压、电流及功率等，学以致用，掌握生产车间供电电路的应用。

问题导入

任务一　什么是三相交流电源

知识链接 1　三相电源的产生

三相交流电源

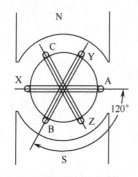

图 5-1　最简单的三相交流发电机的示意图

  如图 5-1 所示是最简单的三相交流发电机的示意图。

  其工作原理：在磁极 N、S 间放一圆柱形铁芯，在圆柱表面上缠绕线圈，称为绕组，如绕组 AX、BY、CZ。铁芯旋转时，带动线圈做切割磁力线的运动，从而在端口产生感应电压。

  所谓三相电源，就是指频率相同，振幅值相同，相位互差 120° 的正弦交流电压源。由三相电源同时对负载供电的电路，就是三相电路。

  三相电源之间一定是对称的，这是人为设计的结果。

  每相绕组的端点 A、B、C 作为绕组的起端，称作相头；端点

X、Y、Z 作为绕组的末端，称作相尾。三个相头之间（或三个相尾之间）在空间上彼此相隔 120°。电枢表面的磁感应强度沿圆周按正弦分布，它的方向与圆柱表面垂直。在发电机的绕组内，规定每相电源的正极分别标记为 A、B、C，负极分别标记为 X、Y、Z。当电枢沿逆时针方向等速旋转时，各绕组内感应出频率相同、振幅值相同、相位相差 120° 的电动势（或电压源），这三个电动势称为对称三相电动势（或对称三相电源）。

以第一相绕组 AX 产生的电压 u_A 经过零值瞬间为计时起点，则第二相绕组 BY 产生的电压 u_B 滞后于第一相电压 u_A $\frac{1}{3}$ 周期，第三相绕组 CZ 产生的电压 u_C 滞后于第一相电压 u_A $\frac{2}{3}$ 周期或超前 $\frac{1}{3}$ 周期，它们的解析式为

$$u_A = U_m \sin \omega t$$
$$u_B = U_m \sin\left(\omega t - \frac{2\pi}{3}\right) \tag{5-1}$$
$$u_C = U_m \sin\left(\omega t + \frac{2\pi}{3}\right)$$

用相量表示为

$$\dot{U}_A = U\angle 0°$$
$$\dot{U}_B = U\angle -120° = U e^{-j\frac{2\pi}{3}} = U \frac{-1-j\sqrt{3}}{2} \tag{5-2}$$
$$\dot{U}_C = U\angle 120° = U e^{j\frac{2\pi}{3}} = U \frac{-1+j\sqrt{3}}{2}$$

如图 5-2 所示是对称三相电源的相量图和波形图。

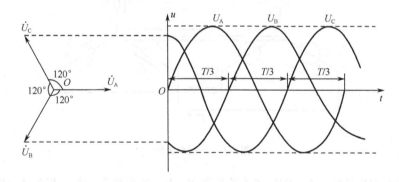

图 5-2　对称三相电源的相量图和波形图

由式（5-1）、式（5-2）和图 5-2 可以看出：对称三相正弦量（包括对称三相电动势、对称三相电压、对称三相电流）中三个正弦量的瞬时值之和为零，这可以从图 5-2 所示的波形图中看出。也可由式（5-2）推出，三个对称三相正弦量的相量之和等于零。

通常三相发电机产生的都是对称三相电源。本书中若无特殊说明，提到三相电源时均指对称三相电源。

三相电压达到振幅值（或零值）的先后次序称为相序。在图 5-2 中，三相电压达到振幅值的顺序为 u_A—u_B—u_C—u_A 时，其相序为 A—B—C—A，称为顺相序，简称顺序或正序。当任意两相顺序发生变化，则称为逆相序，简称逆序或负序，如当电枢顺时针旋转时，三相电压达到振幅值的顺序为 u_A—u_C—u_B—u_A，三相电动势的相序为 A—C—B—A。工程上

通用的相序是顺相序，如果不加以说明，均指这种相序。

笔记

【例1】 理解三相电源的对称性。

已知三相电源的 A 相电压 $u_A = 380\sin\left(\omega t + \dfrac{\pi}{2}\right)$ V，确定 B 相电压和 C 相电压。

【解】 根据三相电源的对称性可知，其三相电压频率相同、幅值相同、相位相差 120°，则可得

$$u_B = 380\sin\left(\omega t + \frac{\pi}{2} - \frac{2\pi}{3}\right) = 380\sin\left(\omega t - \frac{\pi}{6}\right) \text{V}$$

$$u_C = 380\sin\left(\omega t + \frac{\pi}{2} + \frac{2\pi}{3}\right) = 380\sin\left(\omega t + \frac{\pi}{2} - \frac{4\pi}{3}\right) = 380\sin\left(\omega t - \frac{5\pi}{6}\right) \text{V}$$

知识链接 2　三相电源的连接

1．三相电源的星形连接

（1）三相电源星形连接及术语

三相发电机的每相绕组都是独立的电源，可以单独接负载，成为不相连接的三个单相电路。它需要六根导线来输送电能，如图 5-3 所示，又称为三相六线制。

实际三相电源的三相绕组一般有两种连接方式。一种是星形（Y）连接，另一种是三角形（Δ）连接。

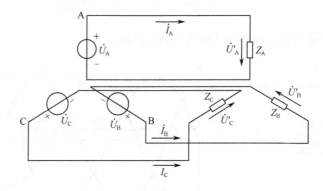

图 5-3　三相六线制

将三相发电机绕组 AX、BY、CZ 的相尾 X、Y、Z 连接在一起，相头 A、B、C 引出做输出线，这种连接方式称为星形连接。从相头 A、B、C 引出的三根线叫作端线（俗称火线）。相尾接成的一点叫作中性点 N，其引出线叫作中性线（简称中线，俗称零线），如图 5-4 所示，又称为三相四线制。端线间的电压叫作线电压，用 u_{AB}、u_{BC}、u_{CA} 表示。规定线电压的参考方向为由 A 指向 B，由 B 指向 C，由 C 指向 A。假设在 A、B 两端接上负载，负载上电压的参考方向为由 A 指向 B。通常用 U_L 表示对称的三个线电压的有效值。

电源每相绕组两端的电压称为电源的相电压，用符号 u_A、u_B、u_C 表示。电源采用星形连接又有中线引出时，端线与中线之间的电压就是电源的相电压。一般电源绕组的阻抗很小，故不论电源绕组有无电流，常认为电源各相电压的大小等于电动势。通常用 U_P 表示对称的三个相电压的有效值。

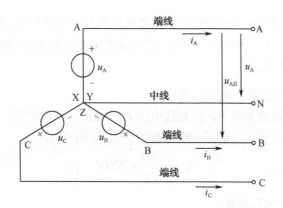

图 5-4　三相电源的星形连接（三相四线制）

（2）三相电源星形连接的表达式

① 三相对称电源线电压之和为零。

如图 5-4 所示，根据基尔霍夫电压定律，可知三个线电压之和为零，即

$$u_{AB} + u_{BC} + u_{CA} = 0$$

② 三相对称电源相电压之和为零。

由图 5-2 所示相量图，可得三个相电压之和为零，即

$$u_A + u_B + u_C = 0$$

③ 三相对称电源线电压与相电压之间的关系。

根据基尔霍夫电压定律，可得

$$u_{AB} = u_A - u_B, \quad u_{BC} = u_B - u_C, \quad u_{CA} = u_C - u_A$$

用相量表示为

$$\dot{U}_{AB} = \dot{U}_A - \dot{U}_B, \quad \dot{U}_{BC} = \dot{U}_B - \dot{U}_C, \quad \dot{U}_{CA} = \dot{U}_C - \dot{U}_A$$

若三相电压对称，相量图如图 5-5 所示，可得

$$U_L = \sqrt{3} U_P$$

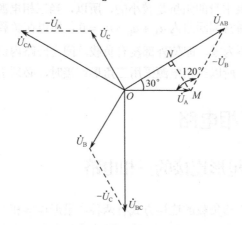

图 5-5　三相电源采用星形连接时的电压相量图

可得出结论：当三个相电压对称时，三个线电压也是对称的，线电压的有效值是相电压有效值的 $\sqrt{3}$ 倍。线电压 $\dot{U}_{AB}$ 超前相电压 $\dot{U}_A$ 30°，线电压 $\dot{U}_{BC}$ 超前相电压 $\dot{U}_B$ 30°，线电压 $\dot{U}_{CA}$ 超前相电压 $\dot{U}_C$ 30°。

电源采用星形连接并引出中线可供应两套对称三相电压，一套是对称的相电压，另一

套是对称的线电压。目前电力网的低压供电系统（又称民用电）中，电源就是采用了中性点接地的星形连接，并引出中线（零线）。此系统供电的线电压为380V，相电压为220V，常写作"电源电压380/220V"。

> **【例2】** 掌握线电压和相电压的关系。
>
> 在三相电源星形连接方式下，已知线电压 $U_L=380V$，则相电压为多少？
>
> **【解】** 根据线电压的有效值是相电压有效值的 $\sqrt{3}$ 倍可得
>
> $$U_P = \frac{380}{\sqrt{3}} \approx 220V$$

2. 三相电源的三角形连接

（1）三相电源三角形连接及术语

三相电源内三相绕组按相序依次连接，即A相的相尾X和B相的相头B连接，B相的相尾Y和C相的相头C连接，C相的相尾Z和A相的相头A连接，引向负载的三根端线分别与相头A、B、C相连，这样的连接方式称为三角形（Δ）连接，如图5-6所示。

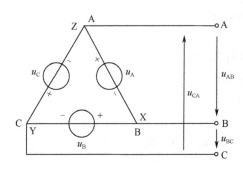

图5-6　三相电源的三角形连接（三相三线制）

每相电源两端电压即为相电压，如图5-6中 u_A、u_B、u_C，两端线间电压即为线电压，如图5-6中 u_{AB}、u_{BC}、u_{CA}。

（2）三相电源三角形连接的表达式

三相电源采用三角形连接时，相电压就是线电压。在图5-6中，可以明显看出：

$$u_A = u_{AB}$$
$$u_B = u_{BC}$$
$$u_C = u_{CA}$$

即 $U_P = U_L$。

显然，在市电系统中，此时电压为380V，通常称为动力电源。

由于发电机每相绕组本身的阻抗是较小的，所以，当三相电源接成三角形时，其闭合回路内的阻抗并不大。通常因回路内 $u_A + u_B + u_C = 0$，所以在负载断开时电源绕组内并无电流。若回路内电压和不为零，即使外部没有负载，闭合回路内仍有很大的电流，这将使绕组过热，甚至被烧毁。所以三相电源采用三角形连接时，必须进行安全检查。

任务二　分析三相电路

知识链接1　负载星形连接的三相电路

三相负载的
Y形连接

三相交流电路中，三相负载的连接方式有两种：星形连接和三角形连接。星形连接就是把三相负载的一端连接到一个公共点，另一端分别与电源的三个端线相连。采用三角形连接时，各相负载首尾段依次相连，三个连接点分别和电源的端线相连。

三相电源分别送电给各相负载，因此对应负载称为A相负载 Z_A、B相负载 Z_B、C相负载 Z_C。

所谓三相对称负载，即要求三相负载完全相同：

$$Z_A = Z_B = Z_C = Z_P = |Z_P| \angle \psi$$

式中，Z_P 称为相负载，ψ 称为阻抗角。

不满足上式，就称为不对称三相负载。简单理论分析通常以对称三相负载为例，而实际中通常为不对称三相负载。

如图 5-7 所示，三相电源和三相负载都采用星形连接。每相负载的电压称为负载相电压，负载相电压的参考方向规定为自端线指向负载中性点 N，显然电源相电压就是负载相电压，用 u_A、u_B、u_C 表示。

通过端线的电流叫作线电流。规定线电流的参考方向为自电源端指向负载端，以 i_A、i_B、i_C 表示，中线电流的参考方向为自负载端指向电源端，以 i_N 表示。流过每相负载的电流叫作相电流。显然，线电流就是相电流。

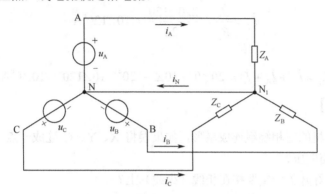

图 5-7 三相电源和三相负载都采用星形连接

（1）三相负载采用星形连接时，线电流等于相电流。

由图 5-7 可以看出，电路中的线电流与相应的相电流显然是相等的，即 i_A、i_B、i_C 既表示线电流又表示相电流。

（2）三相负载采用星形连接时，线电压和相电压关系如下。

负载线电压与相电压的关系式：$u_{AB} = u_A - u_B$，$u_{BC} = u_B - u_C$，$u_{CA} = u_C - u_A$。

这与电源采用星形连接时线电压与相电压的关系类似。前面三相电源采用星形连接时推导出的一些关系式，此处也适用。

（3）负载电流求解。

在三相四线制中，因为中线的存在，每相负载的工作情况与单相电流电路相同。若忽略连接导线的阻抗（线路上的损耗），则负载相电压等于对应电源的相电压，故负载各相电流为

$$\dot{I}_A = \frac{\dot{U}_A}{Z_A}, \quad \dot{I}_B = \frac{\dot{U}_B}{Z_B}, \quad \dot{I}_C = \frac{\dot{U}_C}{Z_C}$$

即 $\dot{I}_P = \dfrac{\dot{U}_P}{Z_P}$。

根据基尔霍夫电流定律可知中线电流为

$$\dot{I}_N = \dot{I}_A + \dot{I}_B + \dot{I}_C$$

【例3】 理解三相四线制电路中负载采用星形连接时的电压、电流关系。

如图 5-7 所示的三相四线制电路，三相负载采用星形连接，其电源线电压 $U_L = 380V$，电阻 $R_A = 11\Omega$，$R_B = R_C = 22\Omega$，求负载相电压、相电流和中线电流。

【解】 因有中性线，在负载不对称的情况下，负载相电压和电源相电压相等，也是对称的，所以负载相电压为

$$U_P = \frac{380}{\sqrt{3}} \approx 220\text{V}$$

设 $\dot{U}_A = 220\angle 0° \text{V}$ 为参考正弦量，则 $\dot{U}_B = 220\angle -120° \text{V}$，$\dot{U}_C = 220\angle 120° \text{V}$。
各相电流为

$$\dot{I}_A = \frac{\dot{U}_A}{R_A} = \frac{220\angle 0°}{11} = 20\angle 0° \text{A}$$

$$\dot{I}_B = \frac{\dot{U}_B}{R_B} = \frac{220\angle -120°}{22} = 10\angle -120° \text{A}$$

$$\dot{I}_C = \frac{\dot{U}_C}{R_C} = \frac{220\angle 120°}{22} = 10\angle 120° \text{A}$$

中线电流为

$$\dot{I}_N = \dot{I}_A + \dot{I}_B + \dot{I}_C = 20\angle 0° + 10\angle -120° + 10\angle 120° = 10\angle 0° \text{A}$$

【头脑风暴】

1. 欲将发电机的三相绕组连成星形，如果误将 X、Y、C 连成一点（中性点），是否可以产生对称三相电压？

2. 为什么电灯开关一定要接在相线（火线）上？

知识链接2　负载三角形连接的三相电路

三相负载的
三角形连接

当单相负载的额定电压等于线电压时，负载就应接于两端线之间；当三个单相负载分别接于 A、B 间，B、C 间，C、A 间时，就构成三相三角形负载，如图 5-8 所示。负载采用三角形连接时不用中线，故不论负载对称与否电路均为三相三线制。

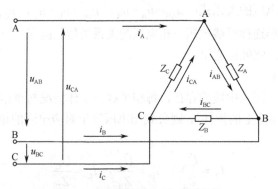

图 5-8　连接成三相三角形的负载

按三角形连接的三相电源与负载连接时，每相负载两端电压即为相电压，图 5-8 中，显然端线间电压（即线电压）就是负载相电压，如 u_{AB}、u_{BC}、u_{CA}。

绕组内及线路上均有电流通过，流过端线的电流称为线电流，方向为由电源端流向负载端，如 i_A、i_B、i_C。

同时，流过负载的电流为相电流，如 i_{AB}、i_{BC}、i_{CA}，双下标的顺序表示参考方向。

采用三角形连接的电路中，每相负载的相电压等于端线间线电压。

$$u_A = u_{AB}, \ u_B = u_{BC}, \ u_C = u_{CA}$$

如图 5-8 所示，根据基尔霍夫电流定律可得线电流与相电流关系如下。

$$i_A = i_{AB} - i_{CA}, \ i_B = i_{BC} - i_{AB}, \ i_C = i_{CA} - i_{BC}$$

若电源三个相电流是对称正弦量，那么三个线电流也是对称正弦量。对称电流相量图如图 5-9 所示。若对称相电流的有效值为 I_P，对称线电流的有效值为 I_L，则线电流的有效值是相电流有效值的 $\sqrt{3}$ 倍，线电流比对应相电流滞后 $30°$，即

$$I_L = \sqrt{3} I_P$$

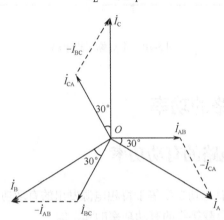

图 5-9　对称电流相量图

因为三角形负载相电压等于线电压，故各相电流为

$$\dot{I}_{AB} = \frac{\dot{U}_{AB}}{Z_{AB}} = \dot{U}_{AB} Y_{AB}, \ \ \dot{I}_{BC} = \frac{\dot{U}_{BC}}{Z_{BC}} = \dot{U}_{BC} Y_{BC}, \ \ \dot{I}_{CA} = \frac{\dot{U}_{CA}}{Z_{CA}} = \dot{U}_{CA} Y_{CA}$$

各线电流为

$$\dot{I}_A = \dot{I}_{AB} - \dot{I}_{CA}, \ \ \dot{I}_B = \dot{I}_{BC} - \dot{I}_{AB}, \ \ \dot{I}_C = \dot{I}_{CA} - \dot{I}_{BC}$$

【例4】　理解三相负载采用三角形连接时的电压、电流关系。

如图 5-8 所示，三相负载采用三角形连接，其电源线电压 $U_L=220\text{V}$，$Z_A=Z_B=Z_C=22\Omega$，求负载相电压、相电流和线电流。

【解】　因为负载对称，故负载上相电压、相电流和线电流均为对称关系。采用三角形连接时，则有

$$U_P = U_L = 220\text{V}$$
$$I_P = U_P/Z_P = 220/22 = 10\text{A}$$
$$I_L = \sqrt{3} I_P \approx 17.3\text{A}$$

【头脑风暴】

如图 5-10 所示为不对称三相电路。

（1）图中开关 S 断开时，应用弥尔曼定理求 $\dot{U}_{N'N}$ 的表达式，并说明此时三相负载电流的通路。

（2）图中开关 S 合上时（有中线），说明此时三相负载各电流的通路。

（3）总结三相四线制电路中线的作用。

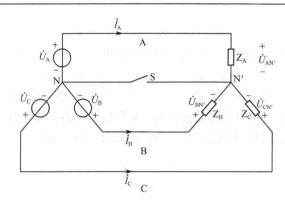

图 5-10　不对称三相电路

任务三　三相电路的功率

知识链接 1　三相电路的有功功率

一个三相电源发出的总有功功率等于每相电源发出的有功功率的和，一个三相负载接收的总有功功率等于每相负载接收的有功功率的和，即

$$P = P_A + P_B + P_C$$

每相负载的有功功率等于相电压乘以相电流及其夹角的余弦，即

$$P_P = U_P I_P \cos\varphi$$

代入即得

$$P = U_A I_A \cos\varphi_A + U_B I_B \cos\varphi_B + U_C I_C \cos\varphi_C$$

在对称三相电路中，每相负载有功功率相同，则总有功功率为

$$P = 3U_P I_P \cos\varphi \tag{5-4}$$

对于星形连接，考虑到相电流就是线电流，而相电压等于 $1/\sqrt{3}$ 线电压，则式（5-4）可写成

$$P = 3I_L \frac{U_L}{\sqrt{3}} \cos\varphi = \sqrt{3} U_L I_L \cos\varphi \tag{5-5}$$

对于三角形连接，相电压等于线电压，相电流等于 $1/\sqrt{3}$ 线电流，则式（5-4）可写成

$$P = 3U_L \frac{I_L}{\sqrt{3}} \cos\varphi = \sqrt{3} U_L I_L \cos\varphi$$

由此可见对称负载不论采用何种连接方式，求总有功功率的公式是相同的。注意式（5-4）中 φ 是负载相电压和相电流的相位差，而不是线电压与线电流的相位差。

三相发电机、三相电动机铭牌上标明的有功功率指的都是三相总有功功率。

知识链接 2　三相电路的无功功率和视在功率

1. 无功功率

一个三相电源发出的总无功功率等于每相电源发出的无功功率的和，即

$$Q = Q_A + Q_B + Q_C$$

每相负载的无功功率等于相电压乘以相电流及其夹角的正弦，即

$$Q_P = U_P I_P \sin\varphi$$

对称三相电路的无功功率的代数和为

$$Q = 3U_P I_P \sin\varphi = \sqrt{3} U_L I_L \sin\varphi \qquad (5\text{-}6)$$

2. 视在功率

一个三相电源发出的总视在功率等于每相电源发出的视在功率的和，即

$$S = S_A + S_B + S_C$$

每相负载的视在功率等于相电压乘以相电流，即

$$S_P = U_P I_P$$

对称三相电路的视在功率的代数和为

$$S = \sqrt{P^2 + Q^2} = \sqrt{3} U_L I_L \qquad (5\text{-}7)$$

【例5】 有功功率、无功功率、视在功率的计算。

有一台三相电动机，每相等效电阻 $R=15\Omega$，等效感抗 $X_L=8\Omega$。绕组连成星形接于线电压 $U_L=380V$ 的三相电源上。试求电动机的相电流、线电流及从电源输入的有功功率、无功功率。

【解】

$$I_P = \frac{U_P}{|Z|} = \frac{220}{\sqrt{15^2 + 8^2}} \approx 12.9A$$

$$I_L = 12.9A$$

有功功率为

$$P = \sqrt{3} U_L I_L \cos\varphi = \sqrt{3} \times 380 \times 12.9 \times \frac{15}{\sqrt{15^2 + 8^2}}$$

$$\approx \sqrt{3} \times 380 \times 12.9 \times 0.88 \approx 7471W \approx 7.5kW$$

无功功率为

$$Q = \sqrt{3} U_L I_L \sin\varphi = \sqrt{3} \times 380 \times 12.9 \times \frac{8}{\sqrt{15^2 + 8^2}} \approx 3995W \approx 4kW$$

视在功率为

$$S = \sqrt{P^2 + Q^2} = 8.5kW$$

项目总结与实施

一、理论阐述

生产车间供电电路中既有为电动机、机床等大型设备供电的 380V 电源，也有为普通照明供电的 220V 电源。为了便于实验室的操作，本项目以车间照明系统为对象，并匹配白炽灯、荧光灯、节能灯三种不同负载。同时作为实际供电电路，其中必须有相应的保护装置。故以下将对用电负荷的计算、实际元器件的选型进行介绍。

1. 用电负荷的计算

以线路工作时的最大电流为依据，预留 20%的余量，按用电量进行估算，由 $P=UI$ 可得 $I=P/U$。

课堂随测-
基础知识

扫码看答案

笔记

2. 导线的选择

应根据现场的特点和用电负荷的性质、容量等合理选择导线的型号、规格。相线 L、零线 N 和保护零线 PE 应采用不同颜色的导线。

（1）导线颜色的相关规定

导线颜色的相关规定如表 5-1 所示。

表 5-1　导线颜色的相关规定

类　　别	颜色标志	线　　别	备　　注
一般用途导线	黄色 绿色 红色 浅蓝色	相线 A 相 相线 B 相 相线 C 相 零线或中线	X 相 Y 相 Z 相
保护接地（零线） 中线（保护零线）	绿/黄双色	保护接地（零线） 中线（保护零线）	颜色组合 3∶7
二芯（供单相电源用）	红色 浅蓝色	相线 零线	
三芯（供单相电源用）	红色 浅蓝色（或白色） 绿/黄色（或黑色）	相线 零线 保护零线	
三芯（供三相电源用）	黄、绿、红色	相线	无零线
四芯（供三相四线制电源用）	黄、绿、红色 浅蓝色	相线 零线	

（2）导线颜色的选择

相线可以使用黄色、绿色或红色中的任一种，但不允许使用黑色、白色或绿/黄双色的导线。

零线可使用黑色导线，没有黑色导线时，也可用白色导线。零线不允许使用红色导线。

保护零线应使用绿/黄双色的导线，如无此种颜色导线，也可用黑色的导线。但这时零线应使用浅蓝色或白色的导线，以便有明显的区别。保护零线不允许使用除绿/黄双色和黑色线以外其他颜色的导线。

（3）导线截面的选择

① 概算总功率，即把所有的用电器功率加在一起。

② 计算电流，总功率/电压=电流。

③ 根据计算出的电流查电工手册，加大一挡选择导线的截面积，导线的截面积以 mm^2 为单位。导线的截面积越大，允许通过的安全电流就越大。

在选择导线的截面积时，主要根据的是导线的安全载流量。另外，还要考虑导线的机械强度。

一般铜线的安全载流量：2.5mm^2 铜电源线的安全载流量为-28A；4mm^2 铜电源线的安全载流量为-35A；6mm^2 铜电源线的安全载流量为-48A；10mm^2 铜电源线的安全载流量为-65A；16mm^2 铜电源线的安全载流量为-91A；25mm^2 铜电源线的安全载流量为-120A。

铜导线截面积一般按如下公式计算：

$$S=IL/(54.4U)$$

式中　I——导线中通过的最大电流（A）；

L——导线的长度（m）；

U——允许的电压降（V）；

S——导线的截面积（mm^2）。

3. 断路器的选择

① 首先根据额定电压选择，额定电压要一致。

② 断路器的额定电流要大于等于所用电路的额定电流。

③ 断路器的额定开断电流要大于等于所用电路的短路电流。

4. 照明电路安装要求

① 灯具的高度。室外一般不低于 3m，室内一般不低于 2.5m。

② 照明电路应有短路保护。照明灯具的相线必须由开关控制，螺口灯头中心触点应接相线，螺口部分与零线连接。不准将电线直接焊在灯泡的接点上，不得使用绝缘损坏的螺口灯头。

③ 室内照明开关一般安装在门边便于操作的位置，拉线开关一般应离地 2~3m，暗装翘板开关一般离地 1.3m，与门框的距离一般为 0.15~0.20m。

④ 明装插座一般应离地 1.3~1.5m；暗装插座一般应离地 0.3m，同一场所暗装的插座高度应一致，其高度差一般应不大于 5mm；多个插座成排安装时，其高度差应不大于 2mm。

⑤ 照明装置的接线必须牢固，接触良好。接线时，相线和零线要严格区分开，将零线接到灯头上，相线需经过开关再接到灯头上。

⑥ 应采用有保护接地（接零）的灯具金属外壳，要与保护接地（接零）干线连接完好。

⑦ 灯具安装应牢固，灯具质量超过 3kg 时，必须固定在预埋的吊钩或螺栓上。软线吊灯的质量应在 1kg 以下，超过时应加装吊链。

⑧ 照明灯具需用安全电压时，应采用双圈变压器或安全隔离变压器，严禁使用自耦（单圈）变压器。安全电压额定值的等级为 42V、36V、24V、12V、6V。

⑨ 灯架及管内不允许有接头。

⑩ 导线在引入灯具处应有绝缘保护，以免磨损导线的绝缘，也不应使其承受额外的拉力；导线的分支及连接处应便于检查。

二、实操任务书

1. 实操目的

① 熟悉三相电路及其 Y 形、△形接法。

② 学会正确、合理地使用电工工具和仪表，并做好维护和保养工作。

③ 熟练掌握导线的剖削和连接方法及元器件的安装和接线工艺。

④ 学会检测和排除电路故障。

⑤ 严格遵守电工安全操作规程，提升安全用电意识。

⑥ 培养团队合作、爱岗敬业、吃苦耐劳的精神。

2. 实操设备（见表 5-2）

表 5-2 实操设备

序 号	名 称	作 用	数 量
1	电工实训实验板	安装照明电路	1
2	数字式万用表或指针式万用表	检查故障、测试电路	1

续表

序　号	名　称	作　用	数　量
3	单相电能表	计量电能	1
4	剥线钳、电工刀	剖削导线	各1把
5	螺钉旋具	安装照明元器件	1套
6	钢丝钳、斜口钳	剪断导线	各1把
7	尖嘴钳	弯曲导线	1
8	验电器	检查是否带电	1
9	开关	通断电路	若干
10	插座	接用电器	若干
11	漏电保护器	漏电保护	1
12	熔断器	电路的短路保护	2
13	白炽灯、荧光灯、节能灯	照明	若干
14	导线	连接电路	若干

笔记

3．实操内容

根据要求，自行设计照明电路，并安装由单相电能表、漏电保护器、熔断器、荧光灯、白炽灯、节能灯、若干开关和插座等组成的照明电路，要求走线规范，布局美观、合理，电路可以正常工作，并能排除常见的照明电路故障。

（1）室内布线的工艺步骤

① 按设计图样确定灯具、插座、开关等的位置。

② 确定导线敷设的路径，穿越墙壁或楼板的位置。

③ 在土建未涂灰之前，打好布线所需的孔眼，预埋好螺钉、螺栓或木榫。暗敷线路，还要预埋接线盒、开关盒及插座盒等。

④ 装设绝缘支撑物、线夹或管卡。

⑤ 进行导线敷设，导线连接、分支或封端。

⑥ 将出线接头与用电器或设备连接起来。

（2）漏电保护器的安装

漏电保护器对电气设备的漏电电流极为敏感。当人体接触了漏电的用电器时，产生的漏电电流只要达到 10～30mA，就能使漏电保护器在极短的时间（如 0.1s）内跳闸，切断电源，有效地防止触电事故的发生。漏电保护器还有断路器的功能，它可以在交、直流低压电路中手动或电动分合电路。漏电保护器在三相四线制中的应用如图 5-11 所示。

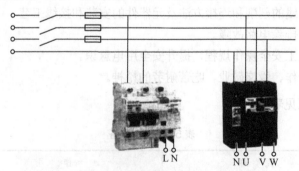

图 5-11　漏电保护器在三相四线制中的应用

① 漏电保护器的接线（如图 5-12 所示）。

电源进线必须接在漏电保护器的正上方，即外壳上标有"电源"或"进线"端；出线均接在下方，即标有"负载"或"出线"端。倘若把进线、出线接反了，将会导致漏电保护器动作后烧毁线圈或影响漏电保护器的接通、分断能力。漏电保护器的图形符号如图 5-13 所示。

图 5-12　漏电保护器的接线　　　　　图 5-13　漏电保护器的图形符号

② 漏电保护器的安装。

a. 漏电保护器应安装在进户线截面积较小的配电盘上或照明配电箱内（如图 5-14 所示），在电能表之后，熔断器之前。

图 5-14　配电盘上的漏电保护器

b. 所有照明线路导线（包括中性线），均必须通过漏电保护器，且中性线必须与地绝缘。

c. 应垂直安装，倾斜度不得超过 5°。

d. 安装漏电保护器后，不能拆除单相闸刀开关或熔断器。

注意事项：

a. 分清漏电保护器进线端和出线端，不得接反。

b. 安装时，必须严格区分中性线和保护线，四极式漏电保护器的中性线应接入漏电保护器。经过漏电保护器的中性线不得作为保护线，不得重复接地或接设备外露的导电部分，保护线不得接入漏电保护器。

c. 漏电保护器中的继电器接地点和接地体应与设备的接地点和接地体分开，否则漏电保护器不能起保护作用。

d. 安装漏电保护器后，被保护设备的金属外壳仍应采用保护接地和保护接零。

e. 不得将漏电保护器作为闸刀使用。

（3）熔断器的安装

熔断器广泛用于低压供配电系统和控制系统中，主要用作电路的短路保护，有时也可用于过负载保护。常用的熔断器有瓷插式、螺旋式、无填料封闭式和有填料封闭式。使用时串联在被保护的电路中，当电路发生短路故障，通过熔断器的电流达到或超过某一规定值时，熔断器以其自身产生的热量使熔体熔断，从而自动分断电路，起到保护作用。

熔断器的安装要点：

① 安装熔断器必须在断电情况下操作。

② 安装位置及相互间距应便于更换熔件。

③ 应垂直安装，并应能防止电弧飞溅在临近带电体上。

④ 螺旋式熔断器在接线时，下接线端应接电源，而连接螺口的上接线端应接负载。

⑤ 瓷插式熔断器在安装熔丝时，熔丝应顺着缓钉旋紧方向绕过去，同时注意不要划伤熔丝，也不要把熔丝绷紧，以免减小熔丝截面尺寸或拉断熔丝。

⑥ 有熔断指示的熔管，其指示器应装在便于观察侧。

⑦ 更换熔体时应切断电源，并应换上额定电流相同的熔体。

⑧ 熔断器应安装在线路的各相线（火线）上，在三相四线制的中性线上严禁安装熔断器；在单相二线制的中性线上应安装熔断器。

（4）配电板（如图5-15所示）的安装

① 闸刀开关的安装。

安装固定闸刀开关时，手柄一定要向上，不能平装，更不能倒装，以防拉闸后手柄由于重力作用而下落，引起误合闸。

② 单相电能表的安装要点。

a. 电能表应安装在箱体内或涂有防潮漆的木制底盘、塑料底盘上。

b. 为确保电能表的精度，安装时，电能表的位置必须与地面保持垂直，其垂直方向的偏移不大于 1°。表箱的下沿离地高度应为 1.7～2m，暗式表箱下沿离地高度应为 1.5m 左右。

c. 单相电能表一般装在配电盘的左边或上方，而开关应装在右边或下方，与上、下进线间的距离大约为 80mm，与其他仪表左右距离大约为 60mm。

d. 电能表一般安装在走廊、门厅、屋檐下，切忌安装在厨房、厕所等潮湿或有腐蚀性气体的地方。

e. 电能表的进线、出线应使用铜芯绝缘线，线芯截面积不得小于 1.5mm^2。接线要牢固，但不可焊接，裸露的线头部分不可露出接线盒。

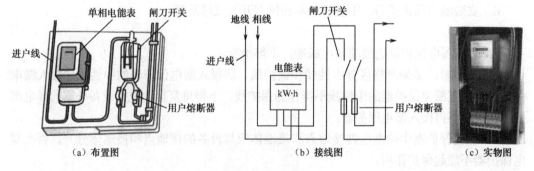

（a）布置图　　　　　　　　　　（b）接线图　　　　　　（c）实物图

图 5-15　配电板

③ 单相电能表的接线。

单相电能表接线盒里共有四个接线桩，从左至右按 1、2、3、4 编号。直接接线时按编号 1、3 接进线（1 接相线，3 接零线）2、4 接出线（2 接相线，4 接零线），如图 5-16 所示。注意：在接线时，应以电能表接线盒盖内侧的线路图为准。

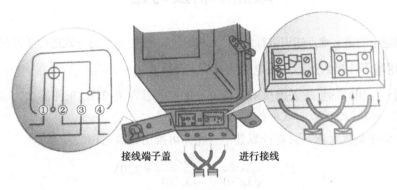

接线端子盖　　　　进行接线

图 5-16　单相电能表的接线

 ## 科学家的故事

富兰克林的故事：为理想而践行

富兰克林是 18 世纪美国科学家和发明家。他一生最真实的写照就是他自己所说过的一句话："诚实和勤勉，应该成为你永久的同伴。"

富兰克林为了对电进行探索曾经做过著名的"风筝实验"，他在电学上成就显著，为了深入探讨电运动的规律，他创造的许多专用名词如正电、负电、导电体、电池、充电、放电等都成为世界通用的词汇。他借用了数学上正、负的概念，第一个科学地用正、负来表示电荷性质。他最先提出了避雷针的设想，由此而制造的避雷针，避免了雷击灾难。

富兰克林幼年没有受过正规教育，却因为好奇、热爱科学而成为诸多领域的发明家，这源于他是一位为理想而不断践行的人。

难点解析及习题

对本课题中的重、难点知识进行解析，并以例题、练习对应的方式进行学习指导和测试。

1. 采用星形连接的对称三相电路的分析、计算

【例 6】　三相对称负载采用星形连接，设每相电阻为 $R=3\Omega$，每相感抗为 $X_L=4\Omega$，电源线电压 $\dot{U}_{AB}=380\angle30°$ V，试求各相电流。

【解】　由于负载对称，只需计算其中一相即可推出其余两相。

$$\dot{U}_A = \frac{\dot{U}_{AB}}{\sqrt{3}\angle30°} = \frac{380\angle30°}{\sqrt{3}\angle30°} \approx 220V$$

得

$$\dot{I}_A = \frac{\dot{U}_A}{Z_A} = \frac{\dot{U}_A}{R+jX_L} = \frac{220}{3+j4} = 44\angle-53.1°A$$

其余两相电流为

$$\dot{I}_B = 44\angle(-53.1°-120°) = 44\angle-173.1°A$$

$$\dot{I}_C = 44\angle(-53.1°+120°) = 44\angle66.9°A$$

【练习 1】　在图 5-17 中，已知负载为 $Z=(6+j8)\Omega$，线路阻抗为 $Z_L=(1+j)\Omega$，电源线电压有效值为 380V，求各负载相电流、线电流及各负载相电压。

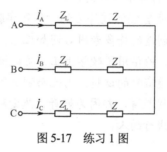

图 5-17　练习 1 图

2. 采用三角形连接的对称三相电路的分析、计算

【例 7】　采用三角形连接的三相对称负载接到线电压为 380V 的供电线路上，每相负载的阻抗为 $17.32+j10\Omega$。试求各相电流和各线电流。

【解】　采用三角形连接时，各负载的相电压等于对应的线电压。

以 $\dot{U}_{AB}$ 为参考相量，相电流为

$$\dot{I}_{AB} = \frac{\dot{U}_{AB}}{Z_A} = \frac{380}{17.32+j10} \approx \frac{380}{20\angle30°} = 19\angle-30°A$$

$$\dot{I}_A = \sqrt{3}\dot{I}_{AB}\angle-30° = \sqrt{3}\times19\angle-30°\times\angle-30° \approx 33\angle-60°A$$

由于负载对称，其余两相的相电流为

$$\dot{I}_{BC} = \dot{I}_{AB}\angle-120° = 19\angle-150°A，\quad \dot{I}_{CA} = \dot{I}_{AB}\angle120° = 19\angle90°A$$

由于负载对称，其余两相的线电流为

$$\dot{I}_B = \dot{I}_A\angle-120° = 33\angle-180°A，\quad \dot{I}_C = \dot{I}_A\angle120° = 33\angle60°A$$

【练习 2】　三相电源线电压的有效值为 $U_L=380V$，对称三相负载每相复阻抗为

$Z = (6 + j8)\,\Omega$。求：（1）负载星形连接时的各相电流、线电流及中线电流；（2）负载采用三角形连接时的各相电流、线电流。

3. 三相电路的功率分析、计算

【例8】 有一台三相电动机，每相的等效电阻 $R = 29\,\Omega$，等效感抗 $X_L = 21.8\,\Omega$，试求下列两种情况下电动机的相电流、线电流以及从电源输入的有功功率。

（1）绕组连成星形接于 $U_L = 380$V 的三相电源上；

（2）绕组连成三角形接于 $U_L = 220$V 的三相电源上。

【解】

（1） $I_P = I_L = \dfrac{U_P}{|Z|} = \dfrac{220}{\sqrt{29^2 + 21.8^2}} \approx 6.1$A

$P = \sqrt{3}\,U_L I_L \cos\varphi = \sqrt{3} \times 380 \times 6.1 \times \dfrac{29}{\sqrt{29^2 + 21.8^2}}$

$\approx \sqrt{3} \times 380 \times 6.1 \times 0.8 \approx 3.2$kW

（2） $I_P = \dfrac{U_P}{|Z|} = \dfrac{220}{\sqrt{29^2 + 21.8^2}} \approx 6.1$A

$I_L = \sqrt{3}\,I_P \approx 10.6$A

$P = \sqrt{3}\,U_L I_L \cos\varphi = \sqrt{3} \times 220 \times 10.6 \times 0.8 \approx 3.2$kW

【练习3】 三相对称负载，已知 $Z = 3 + j4\,\Omega$，接于线电压等于 380V 的三相四线制电源上，试分别计算采用星形连接和三角形连接时的相电流、线电流、有功功率、无功功率、视在功率各是多少？

进阶习题

【练习4】 已知三相对称负载连接成三角形，接在线电压为 220V 的三相电源上，相线上通过的电流均为 17.3A，三相功率为 4.5kW。求各相负载的电阻和感抗。

【练习5】 已知 $u_{AB} = 380\sqrt{2}\sin(314t + 60^\circ)$V，试写出 u_{CB}、u_{CA}、u_A、u_B、u_C 的解析式。

进阶习题详解

【练习6】 线电压为 380V 的三相电源接有两组负载，负载 1 为一台三相电动机，功率为 1.5kW、功率因数为 0.6；负载 2 是一组采用三角形连接的对称负载，每相阻抗为 $Z_2 = 240 - j180\,\Omega$，求：电源提供的有功功率、无功功率、视在功率及三相电路的功率因数、线电流。

【练习7】 图 5-18 所示电路中，当开关 S 闭合时，各安培表读数均为 3.8A。若将 S 断开，问安培表读数各为多少？

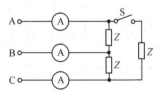

图 5-18 练习 7 图

【练习8】 图 5-19 所示为三相对称电路，$U_{AB} = 380$V，$Z = 27.5 + j47.64\,\Omega$，当开关闭合时，求图中功率表的读数，两表数值之和有无意义？

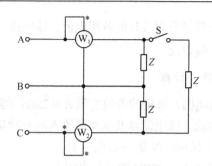

图 5-19　练习 8 图

【练习 9】 已知一个 Y—Y 系统，电源线电压为 380V，三相负载分别为 $Z_A = 20\angle 0°\Omega$，$Z_B = 20\angle -60°\Omega$，$Z_C = 20\angle 60°\Omega$，$Z_N = 0$，端线阻抗忽略不计。试求各相负载的电流及中线电流。

【练习 10】 工业上许多地方都需要使用三相电阻炉，要调节电阻炉内的温度，通常需要改变热电阻丝的接法。现有一台三相电阻炉，每相电阻 $R=8.68\Omega$。试问：

（1）当电源线电压为 380V 时，将电阻炉分别连接成三角形和星形，各从电源获得多少功率？

（2）若电源线电压为 220V，电阻炉采用三角形连接的功率是多少？

【练习 11】 电路如图 5-20 所示，电源电压为 380/220V，接有对称星形连接的白炽灯负载，总功率为 180W。C 相还接有一个额定电压为 220V、功率为 40W、功率因数为 0.5 的日光灯。试求 $\dot{I}_A$、$\dot{I}_B$、$\dot{I}_C$ 和 $\dot{I}_N$。

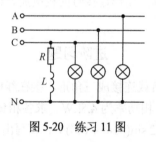

图 5-20　练习 11 图

【练习 12】 线电压 U_L 为 380V 的三相电源上接有两组对称三相负载：一组三角形连接 $Z_\Delta = 36.3\angle 37°\Omega$，另一组星形连接 $R_Y = 10\Omega$，电路如图 5-21 所示。

试求：（1）各组负载的相电流；（2）电路线电流；（3）三相有功功率。

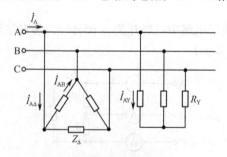

图 5-21　练习 12 图

【练习 13】 采用星形连接的三相电路，电源电压对称，如图 5-22 所示。设电源线电压 $u_{AB} = 380\sqrt{2}\sin(314t + 30°)\text{V}$。负载为电灯组，若 $R_1=R_2=R_3=5\Omega$，求线电流及中线电流

i_{N}。若 $R_1 = 5\Omega$，$R_2 = 10\Omega$，$R_3 = 20\Omega$，求线电流及中线电流 i_{N}。

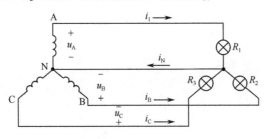

图 5-22   练习 13 图